案例名称：色差大的抠图技巧　084页

光盘路径：Chapter3\3.3\3.3.4\3.3.4.1\Complete\郁金香.psd

案例名称：色差相近的抠图技巧　085页

光盘路径：Chapter3\3.3\3.3.4\3.3.4.2\ Complete\古堡.psd

案例名称：商业合成技巧　089页

光盘路径：Chapter3\3.4\3.4.2\ Complete\商业合成.psd

案例名称：修复暗淡光影　131页

光盘路径：Chapter4\4.4\4.4.6\Complete\修复暗淡光影.psd

案例名称：修复模特眼袋　105页

光盘路径：Chapter4\4.2\4.2.1\ Complete\修复模特眼袋.psd

案例名称：去除面部痘印或斑点　106页

光盘路径：Chapter4\4.2\4.2.2\ Complete\去除面部痘印或斑点.psd

案例名称：除瑕疵还原模特无瑕肌肤　108页

光盘路径：Chapter4\4.2\4.2.4\ Complete\除瑕疵还原模特无瑕肌肤.psd

案例名称：矫正偏黄模特肌肤　110页

光盘路径：Chapter4\4.2\4.2.5\ Complete\矫正偏黄模特肌肤.psd

案例名称：美白模特牙齿　111页

光盘路径：Chapter4\4.2\4.2.6\ Complete\美白模特牙齿.psd

案例名称：打造模特迷人双眼　115页

光盘路径：Chapter4\4.2\4.2.9\ Complete\打造模特迷人双眼.psd

案例名称：修复模特暗淡肌肤　117页

光盘路径：Chapter4\4.2\4.2.10\ Complete\修复模特暗淡肌肤.psd

案例名称：去除背景杂物　118页

光盘路径：Chapter4\4.3\4.3.1\ Complete\去除背景杂物.psd

案例名称：去除多余图像　120页

光盘路径：Chapter4\4.3\4.3.2\ Complete\去除多余图像.psd

案例名称：去除照片日期　122页

光盘路径：Chapter4\4.3\4.3.4\ Complete\去除照片日期.psd

案例名称：修复曝光过度　129页

光盘路径：Chapter4\4.4\4.4.4\ Complete\修复曝光过度.psd

案例名称：增强产品光影　130页

光盘路径：Chapter4\4.4\4.4.5\ Complete\增强产品光影.psd

案例名称：修复光影强调产品质感　132页

光盘路径：Chapte4\4.4\4.4.7\Complete\修复光影强调产品质感.psd

案例名称：去除照片紫光　134页

光盘路径：Chapte4\4.4\4.4.8\Complete\去除照片紫光.psd

案例名称：还原照片光影　137页

光盘路径：Chapte4\4.5\4.5.2\Complete\还原照片光影.psd

案例名称：修复模糊老照片　139页

光盘路径：Chapte4\4.5\4.5.4\Complete\修复模糊老照片.psd

案例名称：还原照片色调　138页

光盘路径：Chapte4\4.5\4.5.3\Complete\修复模糊老照片.psd

案例名称：朦胧柔美　157页

光盘路径：Chapte5\5.2\5.2.2\Complete\朦胧柔美.psd

案例名称：粉嫩可爱　161页

光盘路径：Chapte5\5.2\5.2.3\Complete\粉嫩可爱.psd

案例名称：唯美时尚　165页

光盘路径：Chapte5\5.2\5.2.5\Complete\唯美时尚.psd

案例名称：淡雅米黄色　168页

光盘路径：Chapter5\5.2\5.2.6\ Complete\淡雅米黄色.psd

案例名称：时尚大片 170页

光盘路径：Chapter5\5.2\5.2.7\ Complete\时尚大片.psd

案例名称：古铜艺术 175页

光盘路径：Chapter5\5.2\5.2.8\ Complete\古铜艺术.psd

案例名称：香甜浓郁 177页

光盘路径：Chapter5\5.2\5.2.9\ Complete\香甜浓郁.psd

案例名称：抠取饮料 304页

光盘路径：Chapter6\6.4\Complete\抠取饮料.psd

案例名称： 明媚婉约色　180页

光盘路径：Chapter5\5.2\5.2.10\Complete\明媚婉约色.psd

案例名称： 时尚高调　182页

光盘路径：Chapter5\5.3\5.3.1\Complete\时尚高调.psd

案例名称： 波卡蓝黄色　185页

光盘路径：Chapter5\5.3\5.3.2\Complete\波卡蓝黄色.psd

案例名称： 古典黄蓝调　190页

光盘路径：Chapter5\5.3\5.3.4\Complete\古典黄蓝调.psd

案例名称：冷艳蓝灰调　193页

光盘路径：Chapter5\5.4\5.3.5\ Complete\冷艳蓝灰调.psd

案例名称：复古柔黄　196页

光盘路径：Chapter5\5.4\5.4.1\ Complete\复古柔黄.psd

案例名称：古典柔美　201页

光盘路径：Chapter5\5.4\5.4.3\ Complete\古典柔美.psd

案例名称：暗黄艺术　207页

光盘路径：Chapter5\5.4\5.4.6\ Complete\暗黄艺术.psd

案例名称：日系风　247页

光盘路径：Chapter5\5.6\5.6.6\Complete\日系风.psd

案例名称：清新柔美　209页

光盘路径：Chapter5\5.5\5.5.1\Complete\清新柔美.psd

案例名称：日系淡雅　212页

光盘路径：Chapter5\5.5\5.5.2\Complete\日系淡雅.psd

案例名称：浪漫淡紫色　216页

光盘路径：Chapter5\5.5\5.5.3\Complete\浪漫淡紫色.psd

案例名称：忧伤怀旧风　253页

光盘路径：Chapter5\5.7\5.7.2\Complete\忧伤怀旧风.psd

案例名称：**淡雅糖水调**　**235页**

光盘路径：Chapter5\5.6\5.6.1\ Complete\淡雅糖水调.psd

案例名称：**清新淡雅**　**243页**

光盘路径：Chapter5\5.6\5.6.4\ Complete\清新淡雅.psd

案例名称：**另类青紫色**　**255页**

光盘路径：Chapter5\5.7\5.7.3\ Complete\另类青紫色.psd

案例名称：**抠取凶猛野兽**　**295页**

光盘路径：Chapter6\6.3\Complete\抠取凶猛野兽.psd

案例名称：公益海报　312页

光盘路径：Chapter7\7.1\ Complete\公益海报.psd

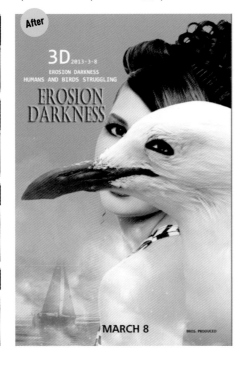

案例名称：啤酒广告　333页

光盘路径：Chapter7\7.5\ Complete\啤酒广告.psd

案例名称：婚纱画册　341页

光盘路径：Chapter7\7.7\ Complete\婚纱画册.psd

案例名称：游戏网页设计　345页

光盘路径：Chapter7\7.8\Complete\游戏网页设计.psd

Photoshop 商业数码照片
后期精修秘籍

Art Eyes设计工作室 ◎编著

人民邮电出版社

北 京

图书在版编目（ＣＩＰ）数据

Photoshop商业数码照片后期精修秘籍 / Art Eyes设
计工作室　编著. -- 北京 : 人民邮电出版社，2014.7
ISBN 978-7-115-34848-7

Ⅰ. ①P… Ⅱ. ①A… Ⅲ. ①图象处理软件 Ⅳ.
①TP391.41

中国版本图书馆CIP数据核字（2014）第070835号

内 容 提 要

数码相机的普及催生了越来越多的摄影爱好者，大街小巷随处可见手拿单反相机进行拍摄的人。如果说摄影技术是拍出好照片的前提，那么后期处理技巧则是完善摄影作品的利器，只有综合掌握这两方面技术，才能成就完美的摄影作品。本书主要讲解如何使用Photoshop修饰处理数码照片，是一本技术性与实例相结合的教程。全书共分为7章，讲解了各种类型数码照片修饰与处理的实例，内容包括从商业摄影到后期修片、商业摄影入门必修、Photoshop能干什么、专业照片修复、掌握专业调色技巧、商业照片抠取技巧、商业实战应用等几个方面。

本书针对希望通过学习掌握数码照片处理技术的专业数码摄影师、平面设计人员、数码影楼从业人员及数码摄影爱好者，所有案例都力求使用最基础、最简单的技术手段，得到令人满意的效果。此外，配书光盘提供了所有案例的素材文件和最终效果文件，还特别录制了所有案例的操作演示视频，以帮助各位读者降低学习难度。

◆ 编　　著　Art Eyes 设计工作室
　　责任编辑　张丹阳
　　责任印制　程彦红

◆ 人民邮电出版社出版发行　　北京市丰台区成寿寺路 11 号
　　邮编　100164　电子邮件　315@ptpress.com.cn
　　网址　http://www.ptpress.com.cn
　　北京捷迅佳彩印刷有限公司印刷

◆ 开本：787×1092　1/16
　　印张：21.75　　　　　　　　　彩插：6
　　字数：668 千字　　　　　　　2014 年 7 月第 1 版
　　印数：1 - 3 500 册　　　　　　2014 年 7 月北京第 1 次印刷

定价：98.00 元（附光盘）

读者服务热线：**(010)81055410**　印装质量热线：**(010)81055316**
反盗版热线：**(010)81055315**
广告经营许可证：京崇工商广字第 **0021** 号

前言

本书软件简介

Adobe Photoshop CS6是一款专业的图形图像处理和编辑软件。其强大的图像处理功能为图像的处理和制作带来了极大的方便，能有效地帮助设计者进行方便、快捷的操作，应用于处理数码后期图片、平面设计、特效制作等众多领域。

内容导读

本书以数码修片案例为主，从基础到实战，首先讲解数码修片的基础知识以及Photoshop CS6的基本功能和操作技巧，再延伸到实际案例创作，案例丰富，使读者学习更轻松，知识量大。在创意产业快速发展的今天，掌握软件应用技能、数码修片应用技能、提高艺术设计修养是每一个准备从事商业数码修片工作的读者应该关注的几个方面。要做一个好的商业数码修片设计师，这几个方面不可或缺。熟练的软件技能是实现商业修片效果的保证，掌握商业数码修片应用知识可以快速制作出符合行业规范的作品，较好的设计修养是产生创意和灵感的基础。

本书采用基础知识与案例相结合的编写形式，前面的3章重点讲解数码照片修片的基础知识以及Photoshop软件的作用，后面4章的案例制作系统地讲解专业照片修复、掌握专业调色技巧、商业照片抠取技巧、商业实战应用等各个方面，将商业数码修片的操作技巧更完美地诠释出来。

本书为所有实例录制了视频录像，提供直观的操作演示，力求使读者能够在实际动手操作的过程中掌握Photoshop软件功能以及照片处理的各种技巧。在实例的安排上，本着典型性、实用性、贴近生活、简单易学等原则，以便于读者将书中的方法活学活用。希望通过本套图书的学习，读者能够完全独立地开展商业数码修片的设计制作工作。

本书特点

本书为了兼顾初学者和已经具有一定操作经验的中级读者的学习需求，由浅入深地安排了商业数码修片的学习内容，本书的特点如下。

理论与实际相结合

提供了丰富的数码摄影知识、摄影拍摄技巧及商业照片的导入输出数码照片等Photoshop相关技能。本书采用的是商业数码修片从理论到实际的编写形式，属于技能进化手册，不同的实例融合了不同的技能要点。可帮助读者在熟悉了解软件的过程中掌握实战的技能。本书每个章节都独立地讲解商业数码修片一个大的技能门类，通过不同风格案例的制作演示，让读者更有针对性地选择学习，由浅入深，由易到难，学习脉络清晰。

精美的画面效果

本书提供了精美的照片处理经典案例，通过前期软件的基础学习和对商业数码修片的认识，轻松实现数码照片的完美效果。本书致力于让菜鸟可以达到高手的工作效率，从基础知识到实践操作，让初学者学到之后马上就可以实践运用，学会以最快速的方法解决问题。

多媒体教学

本书配套多媒体教学光盘，每个案例都有详细的多媒体有声视频教学演示，是图书内容的完美补充。它可以让读者快速学习制作方法，拥有独立的设计能力，通过大量的案例实战练习和多媒体教学的流程演练，提高学习效率。

本书编创力求严谨，但由于时间关系，书中难免有错漏之处，希望广大读者批评指正，不胜感激。

编者

2014年6月

目录

第 1 章　从商业摄影到后期修片

第 2 章　商业摄影入门必修

第 3 章　Photoshop 能干什么

第 4 章　专业照片修复

第 5 章　掌握专业调色技巧

第6章　商业照片抠取技巧

第7章　商业实战应用

第1章 从商业摄影到后期修片

从商业摄影到后期修片，是商业数码照片精修的必然步骤。无论是前期的摄影，还是后期的修片，把握照片的商业性、增强照片的艺术感、使照片的艺术性与商业性完美地融合在一起，同时提高照片质量及可观赏性都尤为重要。因此，在前期进行拍摄时，就应该注意到一些拍摄技巧，以及照片所要表达的意义和宣传的商业角度，为后期商业修片提供最佳的素材效果。同时后期的修片技巧，也是商业摄影图像处理的关键所在，往往具有化腐朽为神奇的功效。学会商业摄影精修技巧，将让你的设计生涯如虎添翼。

1.1　认识商业摄影

商业摄影是目前市场应用越来越广泛的摄影方式之一。它不同于随意拍摄一些生活照或者风景照，是目的性极强的一种摄影方式。无论是对照片的品质，还是色彩、构图乃至照片的主题和趣味性，它都有着极高的要求。它是作为商业用途而进行的摄影活动，有着更高的视觉美感和图像清晰度，能应用于商业的各个领域。面对越来越强大的商业市场，商业摄影无论是艺术性还是商业性都能做到很高的融合。认识商业摄影并理解和学习各种摄影方式，是本章将要学习的重点。

1.1.1　什么是商业摄影

商业摄影，顾名思义是指作为商业用途而开展的摄影活动。从广义上讲，它包括一切用于出售商品、撰写事件或介绍书籍的图像的生产；从狭义上讲，它通常被人们意会为广告摄影，这不仅因为广告摄影在其中占有举足轻重的地位，且因为广告摄影本身具有天然而浓厚的商业色彩。

商业摄影拍摄的对象是任何事物的照片。这些照片可以出现在报纸、杂志、目录簿、小册子、小广告宣传单甚至橱窗陈列品上，用来宣传和做广告。具体表现为四个方面。

◆商业照片的品质体现

商业摄影格外注重品质，在图像的清晰度方面极其挑剔。为了最大限度保证被摄对象的清晰及影像的细腻，摄影师会根据实际需要选择相应的高端照相机。

◆商业照片的色彩体现

商业摄影对色彩方面的讲究在于必须绝对还原被摄物的真实色彩，不允许出现色彩的偏差。

◆商业照片的构图体现

商业摄影作品的构图非常重要，一定要用摄影语言叙述自己的想法，突出画面的艺术性。商业摄影的任何一幅照片，其构图都是刻意规划的，目的是突出产品，吸引目光。

◆商业照片的主题和趣味体现

商业摄影作品的目的极为明确，作者总是希望能够体现一图胜千言的功效。但作为独立的、静态的、平面的照片，仅就事论事或平铺直叙绝不可能取得理想的效果。其主题和趣味体现尤为重要。

1.1.2 商业摄影必备器材

　　商业摄影对摄影器材的要求很高。一架好的摄影机，才能拍出更好的作品，提升摄影作品的品质。对于初学者来说，当然不用注重什么设备，数码单反买套机就可以，镜头可以慢慢配。

　　商业摄影一般分两类：一类是纪实为主的拍摄。拍摄对象如车展，开幕式，高峰论坛，企业内训会议，产品说明会，企业发布会等。对器材要求准专业器材即可，当然全画幅的更好。机身要求如尼康D300s、佳能7D基本都可以完成拍摄。镜头焦段需要10~100mm以上大口径变焦镜头2~3只。还有配套闪光灯，独角架，三脚架等。另一类是拍摄产品，这个领域还可以分出很多拍摄范围。如时装拍摄，小型产品拍摄，大型产品拍摄，千人合影拍摄，玻璃器皿，建筑拍摄，高空拍摄，水下拍摄，电器拍摄，首饰拍摄，珠宝玉器拍摄，手表广告等。对器材要求也就更高了，最低也得是全画幅机身，要求高的话需要中画幅机身，及配套的专业定焦镜头、变焦镜头N只。还有专业灯光设备，稳定设备，引闪设备等。

　　目前商业摄影的必备器材包括镜头、单反相机、三脚架、数码相机存储卡及电池等，只有了解了这些专业的商业摄影器材，才能为进一步的商业摄影做好充分的准备。

　　与非专业的消费级数码相机相较而言，在性能上有着飞跃式提升的数码单反相机，机身设计上有着脱胎换骨的变化。数码单反相机有着更多更强的功能，机身设计也更加专业化、复杂化。针对使用群体的不同需求，这类数码相机也分为多种级别，包括入门级数码单反相机、中端数码单反相机和高端全画幅数码单反相机等。读者需根据自身不同的消费需求进行选择。

镜头类型：标准定焦
推荐：尼康 50mm f/1.8D AF Nikkor
定焦镜头是最接近人类视觉的，所以在很多时候它是代表客观记录事物的标准。尼康50mm 1.8D就是一款经得起时间考验的常见定焦镜头，其完美的镜头设计颇吸引人的眼球。

尼康D5000同样也是一款翻转屏单反，并且能够进行720p的录像。摄影师不建议直接购买D5000的套机，而是选择D90的套机镜头18-105 VR搭配35/1.8定焦。18-105 VR带有防抖，实用性不错，AF-S DX 35/1.8安装在D5000上大小合适，焦段折算后正好为50mm的标头。它在光圈全开时的成像素质也不错，尼康的大光圈定焦，是性价比很高的入门选择。

Benro 百诺 C2690TB1 三脚架
旅游天使0系列碳纤维脚架套装(承重：12kg)
购买三脚架是为了提供稳定的拍摄状态，不过有很多情况会导致三脚架产生不稳定，因此三脚架的选购并非普通用户所想的那么简单。而且，并非所有的三脚架都会像其生产厂商所许诺的那样可起到应有的作用。为了能够稳稳当当地承担相机和镜头的重量，三脚架必须满足一定的要求才行。像其他商品一样，特别牢固的三脚架的价格也是比较昂贵的。如果三脚架在性能可靠的同时，还必须最大限度地减轻自身的重量，价格便会更高一些。于是，只有那些用特殊材料制作的结构复杂的三脚架才能满足需要。这款百诺三脚架极好地发挥了三脚架稳定的功效，并收放自如，是三脚架中较好的选择。

　　商业摄影的最终图片修饰是必需的，制作完美的商业摄影照片，用Apple笔记本电脑最合适。苹果机最大的优势就是稳定，特别是在运行大型的图形图像、动画制作等软件时，其稳定性和运行速度是普通笔记本电脑无法比拟的。苹果机在平面设计、音频视频制作和出版领域内是最好的选择。不过苹果价格太贵，对于初学者来说可以有了一定的工作积累再考虑买苹果电脑。现在先组装一台电脑就可以，但显卡和内存的配置一定要高。

1.1.3 商业摄影注意事项

　　如果你是一个艺术摄影师或新闻摄影师，那么你的行为规范就与商业摄影师不一样。艺术摄影属于个人行为，新闻摄影属于报社，对摄影的要求不会太高。而商业摄影师所从事的产品摄影、广告摄影活动属于完全的市场行为，需要与客户打交道、从市场上赚取利润，对摄影的质量和技巧要求更高，因此要遵守商业摄影的一些规范。

　　新手在拍摄时常常会遇到这样那样的问题，导致最终的拍摄效果不佳。下面讲一讲需要注意的一些摄影技巧。

◆保持相机的稳定

　　许多刚学会拍摄的朋友常会遇到拍摄出来的图像很模糊的问题，这是由相机的晃动引起的，所以在拍摄中要避免相机晃动。你可以双手握住相机，将肘抵住胸膛，或者是倚靠一个稳定的物体；并且要放松，感觉自己就像一个射手手持一把枪，必须稳定地射击。

◆保持太阳在你的身后

　　摄影缺少了光线就不能成为摄影，它是光与影的完美结合，所以在拍摄时需要有足够的光线能够照射到被摄主体上。最好也是最简单的方法就是使太阳处于你的背后并有一定的偏移，前面的光线可以照亮被摄主体，使它的色彩和阴影变亮，轻微的角度则可以产生一些阴影来显示物体的质地。

◆缩小拍摄距离

　　有时候，只需要简单地离被摄主体近一些，就可以得到比远距离拍摄更好的效果。你并不一定非要把整个人或物全部照下来，有时候只对景物的某个具有特色的地方进行夸大拍摄，反而会创造出具有强烈视觉冲击力的图像。

◆拍摄样式的选定

　　举握相机的方式不同，拍摄出来的图像效果就会不同。最简单的就是竖举和横举相机。竖着拍摄的照片可以强调被摄主体的高度，如拍摄高大的树木；而横举则可以拍摄连绵的山脉这类图像。

◆变换拍摄风格

即使拍摄过很多完美的照片，但如果都是同一种风格，就会给人一种一成不变的感觉。所以在拍摄中应该不断地尝试新的拍摄方法或情调，为你的相册增添光彩。比如你可以分别拍摄一些风景、人物、特写镜头、全景图像、好天气拍摄的、坏天气拍摄的等。个人拍摄带有很大的随意性，所以你可以走到哪拍到哪，只要觉得这个画面够美够具吸引力。

◆正确的构图

一幅好的图像通常是由于它的构图非常恰当。摄影上比较常见的构图就有三点规则。画面被分为三个部分（水平和垂直），然后将被摄主体置于线上或是交会处。总是将被摄主体置于中间会让人觉得厌烦，所以不妨用用三点规则来拍摄多样性的照片。

◆地平线的位置应用

当地平线的位置不同时，拍摄时强调景物的效果也不同。比如想强调陆地，就使用高地平线；想强调天空，则使用低地平线。

◆增加景深

景深对于好的拍摄来说非常重要。每个摄影者都不希望自己拍摄的照片看起来就像个平面，没有一点立体感。所以在拍摄中，就要适当地增加一些用于显示相对性的物体。例如你要拍摄一个远处的景色，就可以在画面的前景加上人物或是一棵树。使用广角镜头就可以夸大被摄主体正常的空间和纵深感的透视关系。

◆捕获细节

使用广角镜来将"一切"东西都囊括在画面中总是很有诱惑力的，但是这样的拍摄会让你丢掉很多细节，有时还是一些特别有意义的。所以这时候你就可以使用变焦镜头，将画面变小，然后捕捉有趣的小画面。

1.2 商业摄影与商业修片的关系

商业摄影与商业修片是相辅相成、缺一不可的。一幅好的摄影作品，往往还需要后期的照片精修来达到更好的画面效果，让图像的商业价值得以体现；如果拍摄技巧不佳，照片原本的质量不高，那么仅靠修片也是不能达到预期的商业摄影图效的。

现在常见的商业摄影已经分类较细,如专职的汽车摄影、人物摄影、数码产品摄影、化妆品摄影等，是时尚领域不可缺少的重要部分。商业摄影又被称作委托摄影，在最初的年代里遭受了人们的轻蔑。然而对于整个摄影历史而言，它作为应用摄影的中坚一直鼓舞着开拓者为发展新技术、拓宽艺术领域而不懈努力。现代，商业摄影与商业图片库的合作是比较常见的模式。图片库会委托摄影师进行一定主题的摄影创作，或是商业摄影师主动上传自己的摄影作品委托图片库进行代理。

商业摄影的片子都是需要修的，如奔驰车的广告片子背景、前景、车，很多都是分开拍然后合成的。修片子修到天衣无缝的时候就不是修了，而是要达到预期的极佳的视觉效果。

商业摄影

商业修片

商业摄影

商业修片

商业摄影

商业修片

1.2.1 商业修片的作用

　　商业修片就是商业摄影的后期处理工作，它需要作者运用自己高超的图片处理技巧，对商业摄影照片进行形态、色调、构图或者图像合成的处理，以符合预期的商业宣传摄影照片的图像要求。商业修片对商业摄影的影响可谓巨大。一张普普通通不起眼的商业摄影图片，通过能工巧匠们别具匠心的图片处理设计，将会发生翻天覆地的变化。漂亮的修饰，合理的布局，完美的合成，以及各具特色的视角拍摄，可以带给观者强烈的视觉冲击力，将商业摄影不能拍摄和展现的艺术效果通过商业修片完美地诠释出来，令图片所要表达的意义更加明确、目的性更加突出。

　　同时，商业摄影在商业修片的推动下，已经在商业市场发挥着越来越强大的作用，是商业广告的基础。商业修片只要能通过商业摄影图片的修饰，成功传达企业所希望消费者知道的信息，并能使消费者认同就可视为是成功的。其实际经济意义在初期总是由企业给定的，如果其影响深远将会给企业带来更多利益。商业修片是视觉的艺术，要能从视觉上打动消费者并能使其认同企业的品牌和文化，实际经济意义已无法用金钱来衡量了。随着市场对图片的需求量与日俱增，新兴的一些图库公司分工也越来越细致，对于图片要求更高，因此商业修片有着不可估量的发展前景。

商业修片制作鬼魅效果　　　　　　　　　　　　　商业修片制作香浓巧克力裙子效果

商业修片展现花卉拼贴梦幻艺术

1.2.2 常用商业修片技法

　　商业照片的修片不同于普通生活照的修片，它对图片的质量要求更高、画面效果要求更加完美，绝不是新手随便用个滤镜搞个效果就可以了。真正的高手修片，可能很长一段时间会忘记滤镜。修的程度和力道最终要看这个片子准备做什么用。

　　不同的商业照片要运用不同的修饰方法。

◆商业人物修片

商业人物修片是非常苛刻的，就连细小的毛孔都要力求清晰。因此掌握一套行之有效的方法是非常必要的。人物修片中最难的部分就是磨皮，然后就是人物轮廓美化、润色、背景优化、局部细节调整、整体锐化等多步操作，处理的时候一定要有耐心。整体制作中常用的有魔棒工具、图章工具、修复工具、混合模式、调整图层等。

◆商业汽车修片

商业汽车修片不同于普通的汽车照片处理，重点在于汽车的商业化，更要注意汽车图片的色调及造型美感，同时必须具备时尚性，以体现商业价值，吸引人们眼球。商业汽车修片中最难的部分在于前景和背景的融合以及色调的调整。首先需要抠图、调整色调、背景处理、细致拼合，最后再对整个汽车商业图片进行整体色调调整，务必达到完美时尚的效果。

◆商业产品修片

商业产品修片致力于产品自身的质感与外观展示，充分体现其商业性。它不同于普通的数码照片处理，仅仅以写实拍摄处理来传达产品本身的造型。商业产品修片的重点在于产品的宣传和展示，制作时首先调整产品色调，增强光影效果。可以结合Photoshop调色命令对产品进行色彩与对比度调整，以充分表现产品质感。

◆商业美食修片

商业美食修片是食品行业经常需要用到的修片种类。它是针对广大的食品消费群体，不同于普通的餐饮拍摄，讲究的是食品的色泽、质感及光影，能引发消费者的食欲，并产生购买品尝的欲望。修片时首先要调整食物的色泽和亮度，结合调整图层调出大致的色调，然后运用模糊滤镜对画面的远景进行局部模糊，以突出主体。要注意食品的光泽处理，因为细节决定成败。

◆商业珠宝修片

商业珠宝修片是很多珠宝广告前期宣传摄影的必经之路。如果仅仅是拍摄，还体现不出商业珠宝广告所需的特效；普通的珠宝拍摄往往不能拍摄出珠宝所特有的光泽和质感，绚丽的光芒更能体现其珍贵高雅的特质，这些往往需要后期的修片才能得到。商业珠宝修片的重点就在于，珠宝所绽放的光彩与完美的角度和形态。修片时结合曲线调整、色彩平衡、镜头光晕滤镜、混合模式等方法，就可以轻松制作出完美的商业珠宝图片。

1.3 商业修片的主要表现

商业修片的主要表现在于艺术性和广告宣传效应。好的商业修片作品，首先体现的是其商业性，即广告宣传效应。这是作为商业修片的一个基本要素。一张普通的商业摄影图，需要根据设计师的设计方向进行商业修片。除了广告宣传效应，艺术性也是必须具备的要素。只有拥有完美艺术感的商业摄影图片，才能吸引更多观众的眼球，才能将图片的商业性更完美地发挥出来。一张好的商业摄影图片，必须具备艺术性和广告宣传效应，才能堪称完美的商业数码图片。

1.3.1 商业修片艺术表现

在一些低俗的商业修片中，艺术几乎完全沦为商品，没有特色，归根结底就是丧失了先锋性。无论是前期的商业摄影，还是后期的商业修片，其商业性及艺术表现都应该很明确。很多人觉得商业修片就是为了捞钱，其实并不尽然。一张广告设计图就算再商业，基本的元素也都包含，大到基本的素材、文字处理，小到画面构图、版式设计，那么多元素中，能够与众不同就是具有先锋性的地方，也就是艺术价值之所在。

也许商业修片体现得不多，但要知道，艺术的发展是在大师们的带领下突飞猛进，因为大师在尝试很多实验性的东西。可能这张商业修片带来了一些新意，下一张又有一些缓慢的进步，这样说也许很多人不太理解。简单一句话，前卫的元素体现了艺术价值，很难说具体是什么元素，因为每张商业摄影所要表现的艺术价值都不同。

◆商业人物修片的艺术表现

商业人物修片的艺术表现除了基础的人物润色、磨皮、去杂点、轮廓美化、杂乱发丝调整等，更重要的是表现人物所处的氛围和意境。整体色调的协调，背景与前景色调及细小元素的呼应，都是人物修片艺术表现的根本。除了美化人物，商业人物修片的艺术性也是修片成功与否的标志。右图所表现的是一个秋的意境，背景的树林与人物发丝上的枫叶前后呼应，令此画面表现完整，所表达的意境也呼之欲出。

◆商业场景修片的艺术表现

商业场景修片的艺术表现除了基础的场景色调及基础元素的合成以外，场景整体格局的排列也相当重要。场景修片拒绝平淡的叙述方式，将一个普通的场景进行色调调整及元素合成后，要避免平凡无奇的场景排列。其构成需张弛有度，或紧密或稀疏，由远及近，可在视野内添加主体物突出主题。右图所表现的是墓地诡异的场景，从左到右墓碑、树木及城堡的排列疏密有致，并于视野右端添加乌鸦以突出整体画面仓凉的氛围。

◆商业美食修片的艺术表现

商业美食修片的艺术表现除了对食物本身光泽色调的美化外，还需加强背景的光影对比，突出食物的可口质感。美食修片往往需要强调美食的诱人光泽，弱化背景，使食客们看到就会有想吃的欲望。右图所表现的美食通过色调的调整，其光感和色泽格外诱人，看到图片即有闻到香味的错觉，同时突出表现了近景清晰远景模糊且错落有致的设计格局。

◆商业汽车修片的艺术表现

商业汽车修片是常见的汽车广告修片方式。其艺术表现除了汽车基础美化与修片外，展示的角度也是汽车艺术表现的重要方面。右图汽车除了修片时进行了色调调整外，其高贵唯美的黄色车身，使汽车有着耀眼尊贵之感；同时其拍摄展示的角度在视觉上更加拉伸车身，配合光感十足的场景反射出车身倒影，令该图片的艺术感更加强烈。

◆商业家居修片的艺术表现

商业家居修片是家居宣传常用的方式，常用于室内设计行业。作为一个大的修片门类，其艺术表现除了家居物件本身的色调完美外，还重视其色调与背景的协调统一，以及物件在室内的摆放排列与视觉美感。右图展示了家居的一角，主体是质朴的灰色和白色搭配的沙发；其背景白色和地垫柔和的灰色色调，与沙发及窗帘相呼应，搭配窗口的绿色植物，画面整体色调层次协调统一，温馨感十足。

◆**商业建筑修片的艺术表现**

　　商业建筑修片在建筑效果图后期行业中经常被用到。此类修片也同样是一个相当大的修片门类，甚至作为一个单独的且在建筑行业较为重要的行业门类存在。其艺术表现在于将原本简单的建筑模型进行美化，同时添加各种树木、水景、灯光、天空、草地进行合成，表现建筑效果后期所能出现的最美的画面。右图即是一张简单的建筑修片效果图，其艺术表现主要在于欧式柔美风情的画面风格。

◆**商业化妆品修片的艺术表现**

　　商业化妆品修片是化妆品行业进行宣传的必备手段。其艺术表现除了对原本的化妆品元素进行润饰美化之外，还需进行光泽和质感的调整制作，同时柔化背景以更突出主体。右图所表现的唇膏及其他美容用品，均采用清新淡雅色调调整画面，结合白色背景使产品效果更为突出；同时化妆品元素的摆放注重高低错落，画面更有艺术感，整体色调协调唯美。

◆**商业产品修片的艺术表现**

　　商业产品修片的艺术表现除了产品本身色调和质感的强化外，其氛围也是艺术表现的重点。产品的展示所表现的往往是其独特的外观与质感，所置身的环境对其艺术展示也相当重要。右图表现的餐具产品采用厨房所用主要用具进行摄影构图设计，在色彩上结合红、黄、绿三个色彩，表现清新温和效果。整体修改以淡紫色为主体，突出产品特质，更营造出画面唯美舒适的感觉。

1.3.2 商业修片广告应用

　　商业修片除了基本的艺术表现外，另一个重点就在于其商业性。商业修片，顾名思义失去了商业价值的修片就不能称为商业修片。商业修片大多应用在广告上面，其分类多种多样，有婚纱摄影商业修片、儿童摄影商业修片、时装摄影商业修片、个性写真商业修片、产品广告商业修片、美容美发商业修片、珠宝广告商业修片、化妆品广告商业修片、汽车广告商业修片、形象代言商业修片、室内摄影商业修片、食品饮料商业修片、插图摄影商业修片、商务摄影商业修片、家具家纺商业修片、房产广告商业修片等。不同的宣传领域，其广告应用的表现方式也有所不同。

　　广告修片除了广告元素的润色调整，同时需要根据广告的创意进行合成。商业修片在广告上的应用将通过商业摄影元素进行完美的创意拼合，并结合适当文字突出广告应用的主题。

◆个性写真商业修片的广告应用

个性写真是目前在全国众多城市地区中最时尚、最流行的一种艺术照潮流。个性写真的拍摄种类多种多样，包括唯美、梦幻、时尚、另类、鬼魅、清闲等多种风格；同时这些个性写真的艺术画面效果受到越来越多广告商家的追捧。因此出现了新兴的平面模特职业，其个性写真广泛地应用于各类广告中。如左图中的人物写真摄影，而右图是通过商业修片制作的个性写真广告。

◆商业房产广告应用

房产广告在国内应用广泛，各类房产广告招贴遍布城市各个角落。其宣传的手段相似，但海报创意却各有不同。左图属于拍摄的建筑原片，而右图中的房产广告的商业修片，是通过建筑、树木、石块、水流、天空、云彩、彩虹等进行巧妙的拼贴组合，形成了一座在天空中漂浮的唯美欧式建筑，与纯洁的云朵相映衬，凸显出"仙凡同境"的唯美特效，使该房产更引人向往。

◆酒吧 DM 单设计

酒吧DM单设计是常见的DM单广告宣传设计方式，通常通过拍摄人物，再以此为元素，配合其他元素进行DM单的创意设计。左图中的人物是传统的模特写真拍摄图像，而右图中的DM单设计就以该图片作为设计元素，配以文字和色块的组合及拼贴，并进行人物色彩、大小和位置的调整，将人物写真进行完美的融合，制作出时尚个性的酒吧DM单宣传设计。

◆杂志封面设计

杂志封面设计在设计行业中的宣传门类繁多，但都需要通过素材或绘画的方式来实现。左图中的两张图片都属于商业风景摄影，拍摄效果唯美时尚；而右图中的杂志封面设计将两张素材图像进行适当的大小和位置调整，并根据画面需要调整图像色调，再配合画面需要添加更多设计元素，最后配以文字完善整体的杂志封面设计。

◆餐厅画册设计

餐厅画册设计在各类餐厅的菜单或DM单宣传中比较常见，制作时宣传性更强。不同于传统DM单之处在于，画册设计是多页的美食宣传设计，不是DM单类的单页或双页宣传。上排的三张图片，都属于美食的商业摄影，在拍摄时注重美食的色调和光泽，强调美食的可口性；而下排的图片，是以各类美食的商业摄影作为元素，在画册中进行适当的整合排列，配以文字介绍，从而强化其直观的视觉美感，勾起翻阅者的食欲。

◆汽车广告设计

汽车广告设计是很常见的广告设计种类，在汽车销售的广告宣传中起着巨大的作用。左图属于传统的汽车商业摄影图片，并经过了一定的修片和调色处理；而右图中的汽车广告设计，选取的汽车元素主体配以美女和建筑场景，合成了完美的汽车广告设计图片。

◆商业婚纱照片

商业婚纱照片拍摄是新人婚礼前的必备过程，因此也是较为常见的商业修片种类。左图中的婚纱照是婚纱摄影的原片，从图中可以看出其光影较暗淡，整体色泽不够唯美；而右图中的婚纱照是婚纱摄影的商业修片效果图，其整体色调和光泽及人物的美化，都得到了很好的调整。这样通过最终修片的婚纱照片，才是唯美并值得留存终生的画面。

第 2 章　商业摄影
入门必修

随着数码时代的到来，商业摄影已经成为影楼与广告宣传公司所必需的摄影门类。商业摄影的宣传不仅方便快捷，而且所拍摄的照片通过商业修片，完全可以按照个人意愿进行基本的技术处理和个性化的艺术加工以变得更加完美与强大。因此，越来越多的摄影发烧友都开始研究与学习如何利用 Photoshop 软件对数码摄影作品进行处理，而商业摄影入门的基础知识和技能也成为掌握商业数码修片的前提。本章就为大家阐述一些商业摄影入门的基础知识。

2.1 商业照片的导入与输出

商业照片的导入与输出，是商业照片处理的基础。在图片处理制作前，第一步就是导入商业照片。其导入方式多种多样，下面我们将进行详细讲解。图片制作完成后，商业照片的输出也是必须掌握的操作；完成图片的处理，做存盘是必不可少的步骤，否则之前的操作也是白费工夫，根据商业照片不同的用途，采用适当的格式进行存储，也是商业照片输出必须掌握的知识。下面就让我们轻松地来学习商业照片的导入与输出。

2.1.1 导入数码照片

数码照片的传统格式通常是JPG、BMP、TIFF格式，它们在Photoshop中都能打开。在制作存储的时候，为了保存图片的基本制作图层，通常选用的是PSD格式。

数码照片的导入方式多种多样，最基础的即是执行"文件>打开"命令，在打开的对话框中单击上方的下拉按钮，选择数码照片所在的位置，然后选中图片，单击"打开"按钮即可。

执行"文件>打开"命令，选中图片，单击"打开"按钮。

如果需要打开最近打开过的数码照片，则执行"文件>最近打开文件>文件名"命令，将直接打开最近打开过的文件。

另一种快捷方法是：打开文件夹，右击需要打开的数码照片，在弹出的快捷菜单中选择"打开方式"，并在进一步打开的快捷选项菜单中选择Adobe Photoshop可直接打开数码照片。

还有一种快捷方法，是直接将文件夹中的数码照片拖入Photoshop软件中，即可打开。

执行"文件>最近打开文件>文件名"命令，将直接打开最近打开过的文件。

打开文件夹，右击需要打开的数码照片，在弹出的快捷菜单中选择"打开方式"，并在进一步打开的快捷选项菜单中选择Adobe Photoshop可直接打开数码照片。

2.1.2 导出数码照片

数码照片的导出很简单，执行"文件>存储为"命令，在打开的对话框上方选择存储位置，然后输入所要更改的文件名，并在"格式"选项中选择存储的格式，完成后单击"保存"按钮即可。

打开文件后，在制作时若需要对文件进行快捷保存，按Ctrl + S组合键即可；若想对文件进行另存，按Ctrl

+Shift + S组合键即可弹出上述相同的"存储为"对话框，进行相同操作即可。

　　如果需要保留图层，通常在"格式"选项中选择存储的格式为PSD；如果不需要保留图层，通常选择JPG格式；如果需要保留单独的透明图层效果，则选择存储的格式为PNG。

文件>存储为

"存储为"对话框设置

导出格式选择

2.2　浏览并批处理商业照片

　　ACDSee是非常流行的看图工具之一。它提供了良好的操作界面，简单人性化的操作方式，优质的快速图形解码方式，支持丰富的图形格式，强大的图形文件管理功能等。

编辑说明对话框

2.2.1　浏览数码照片的方法

　　ACDSee提供了简单的文件管理功能，用它可以进行文件的复制、移动和重命名等，使用时只需选择"编辑"菜单上的命令或单击工具栏上的命令按钮即可打开相应的对话框，根据对话框进行操作即可。还可以为文件添加简单的说明，方法是：先在文件列表窗口中选择要添加说明的文件，然后单击"编辑"菜单中的"说明"命令，这时打开"编辑说明"对话框，在框中输入该文件说明后单击"确定"按钮即可。下次将光标停在该文件上不动时，ACDSee就会显示该说明。

光标停在该文件上不动时，ACDSee就会显示该说明。

　　在全屏幕状态下，查看窗口的边框、菜单栏、工具条、状态栏等均被隐藏起来以腾出最大的桌面空间，用于显示图片。这对于查看较大的图片自然是十分重要的功能。使用ACDSee实现全屏幕查看图片的过程也很简单，首先将图片置于查看状态，而后按Ctrl+F组合键，这时工具条就被隐藏起来了，再按一次Ctrl+F组合键，即可恢复到正常显示状态。另外，利用鼠标也可以实现全屏查看，先将光标置于查看窗口中，而后单击鼠标中键，即可在全屏幕和正常显示状态之间来回切换。双击左侧浏览窗口，也可直接全屏显示图像，再次双击将返回原来状态。

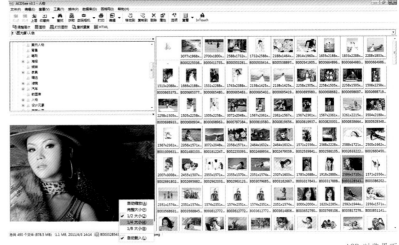

ACD 浏览界面

2.2.2 批处理数码照片

在数码照片的处理中，有很多重复操作，如果仅凭自己手动进行操作将是一个庞大的工程。这时，就需要我们运用Photoshop批处理数码照片的功能进行设定和操作。

◆动作的打开和录制

01 打开Photoshop，执行"窗口 > 动作"命令，打开动作命令窗口。此时，动作命令栏里只有默认命令序列和一些默认动作。

03 开始创建各项需要的动作，此时计算机会自动记录各个动作。为节省批处理时间，最好每个动作都事先准备好，被记录动作都能一步到位。

1 限制图片大小：执行"图像 > 图像大小"命令，在弹出的对话框中设好参数后，单击"确定"按钮。

2 转换颜色类型：执行"图像 > 模式 > CMYK颜色"命令即可。

3 JPEG格式：执行"文件 > 存储为"命令，选择JPEG格式，单击"保存"按钮，在"品质"框下拉菜单中选择"高"。

02 执行"文件 > 打开"命令，打开任意一张图片。单击动作命令栏中的"创建新动作"快捷命令图标，此时就会在"默认动作"的序列下创建新动作，单击"确定"按钮，然后单击"记录"按钮结束。

04 单击动作命令栏下方的"停止"按钮停止记录，这时我们需要的动作命令制作完毕。

◆运行批处理命令

01 先做好批处理的准备工作。把所有待处理的图片放到一个文件夹里，更名为"待处理"，同时新建一个文件夹用来放置处理过的图片，更名为"批处理"。文件名的确定可以使操作思路更清晰明确。

02 执行"文件 > 自动 > 批处理"命令，打开批处理命令框。接着设置各个参数和选项。

1 在"动作"下拉菜单中选择"动作1"。

2 在"源"下拉菜单中选择"文件夹"。

3 单击"选取"按钮，在弹出的对话框中选择待处理的图片所在的文件夹，单击"确定"按钮。勾选"包含所有子文件夹"和"禁止颜色配置警告"这两个复选框。

4 在"目的"下拉菜单中选择"文件夹"，单击"选择"按钮，在弹出的对话框中选择准备放置处理好的图片的文件夹，单击"确定"按钮。

5 在"文件命名"的第一个框的下拉菜单中选择"2位数序号"，在第二个框的下拉菜单中选择"扩展名（小写）"。

6 在"错误"下拉菜单中选择"将错误记录到文件"，单击"另存为"按钮选择一个文件夹。若批处理中途出了问题，计算机会忠实地记录错误的细节，并以记事本存于选好的文件夹中。

03 一切做好检查无误之后，单击"确定"按钮，计算机就会开始一张一张地打开处理和保存那些我们选中的图片，直到任务结束。

2.3　管理商业照片

目前市面上商业照片的管理软件多种多样，除了传统的ACDSee外，还有Adobe Bridge以及Mini Bridge 可以对商业照片进行轻松地浏览和管理。Adobe Bridge是Photoshop自带的一个用于管理、浏览、简单处理照片的小软件，在某种程度上可以替代ACDSee等类型的看图软件。

2.3.1 Adobe Bridge管理照片

Photoshop的文件浏览器已经被完全改造并命名为Adobe Bridge。Adobe Bridge是一个能够单独运行的完全独立的应用程序，并且成为了CS套装中的一分子。Adobe Bridge是可以独立运行的，并且只需在Photoshop, Illustrator, InDesign或是Golive中单击按钮即可。Adobe Bridge比Photoshop CS文件浏览器有更多的定制选择。使用Adobe Bridge可以查看和管理所有的图像文件，包括CS自家的PSD、AI、INDD和Adobe PDF文件。当在Bridge中预览PDF文件时，甚至可以浏览多页。

Adobe Bridge数字资产管理软件是功能强大的照片和设计管理工具，能够集中访问你的所有创意资产。它的主要功能是可以以最清晰的方式查看图片，并且可以显示出图片的完全信息。在Bridge中可以对图片进行很好的管理，如对图片定义"星级"等，这样我们就能快速找到自己想要的图片，是一款很好用的图片管理查阅软件。

Adobe Bridge具有跨平台、64位支持的优势。利用64位支持在Bridge和Adobe Camera Raw中获得优异性能，尤其是在处理大型文件和在浏览、搜索、整理和查看你的创意资产时。

Adobe Bridge的操作界面

1. 照片管理

　　在某些方面，我们可以像使用Windows的资源管理器那样使用Adobe Bridge来管理照片。例如，可以很容易地拖放照片、在文件夹之间移动照片、复制照片等。

复制照片：选择照片，执行"编辑>复制"命令，将当前选中的照片复制到指定的位置。

粘贴文件：打开复制照片存放位置，执行"编辑>粘贴"命令，将复制照片粘贴到指定的位置。

将照片拖移到另一个文件夹：选择照片，按住左键可直接将照片拖移到另一个文件夹中。

重命名照片：单击照片名，输入新的照片名称，按Enter键确认即可。

将照片拖入Bridge中：在桌面上、文件夹中或支持拖放的另一个应用程序中，选择一张或多张照片，然后将其拖到Bridge显示窗口中，这些照片将从文件夹中移动到Bridge中显示的文件夹中。

打开最新使用的文件：单击"打开最近使用文件"按钮，在弹出的菜单中选择最近打开的文件。

将照片置入应用程序：选择照片，然后选择"文件>置入"级联菜单中的应用程序名称。

删除照片或文件夹：选择照片或文件夹，单击右侧垃圾桶图标，即"删除项目"按钮，可直接删除照片；也可以直接右键单击照片，在弹出的快捷菜单中选择"删除"命令。

将照片从Bridge中拖出：选择照片，然后将其拖移到桌面上或另一个文件夹中，则该照片会被复制到桌面或该文件夹中。

创建新文件夹：单击"创建新文件夹"按钮，或者执行"文件>新建文件夹"命令。

2. 改变Adobe Bridge 窗口显示状态

Adobe Bridge提供了多种窗口显示方式，以适应不同的工作状态。在查找照片时可以采取能够显示大量照片的窗口显示方式，在观赏照片时采用适宜展示照片幻灯片的显示状态。

要改变Adobe Bridge的窗口显示状态，可以分别在窗口的上部单击用于控制显示模式的按钮，即必要项、胶片、元数据、输出，它们分别展示了四种不同的窗口显示状态。

◆**必要项**

这种窗口展示模式可以显示商业照片的缩略图，以便根据画面对照片进行查找。

◆**胶片**

这种窗口展示模式可以进行商业照片的大图展示，同时下方的滚动条方便对图片进行选择。

◆**元数据**

这种窗口展示模式可以显示商业照片的最小缩略图及图片的相关信息，以便根据图片数据对照片进行查找。

◆**输出**

这种窗口展示模式可以进行商业照片的大图展示，不同于胶片之处在于左侧的盘符位置以及右侧的输出设定，以便对图片进行打印输出设置。

3. 改变商业照片预览模式

选择"视图"菜单下的命令，可以改变照片的预览状态，如图所示为选择"视图>全屏预览"命令时照片的预览效果。选择"视图>审阅模式"命令，可以获得类似于3D式的照片预览效果。进入全屏、幻灯片或审阅模式状态后，可以按H键显示操作帮助信息，要退出显示模式可以按Esc键。

◆**全屏预览**

全屏预览可以直观地显示大图，并隐藏界面的其他工具条。

◆**审阅模式**

审阅模式可以逐张拖动商业照片，使图片切换和预览更轻松随意。

4. 改变内容窗口显示状态

在窗口右下角有一个滑块，拖动它可以对商业照片较小的缩略图进行适当放大和缩小。滑块右侧有4个按钮，即网络显示模式、缩览图模式、详细信息模式、列表显示模式，可以分别改变"内容"窗口显示状态。

右下角滑块在最左端时

向右拖动右下角滑块后

❶较小的缩略图大小　　**❹**缩览图模式
❷较大的缩略图大小　　**❺**详细信息模式
❸网络显示模式　　　　**❻**列表显示模式

◆右下角"较小的缩略图大小"按钮及四个显示状态

单击锁定缩览图网格

以缩览图形式查看内容

以详细信息形式查看内容

以列表形式查看内容

5. 批量重命名命令

批量重命名是Adobe Bridge提供的非常实用的一项功能，能够一次性重命名一批照片。下面将通过一个实例讲解其具体的操作方法。

01 在 Photoshop 中选择"文件 > 在 Bridge 中浏览"命令，或者单击视图控制栏最左侧的启动 Adobe Bridge 按钮，以启动该软件。

02 使用 Adobe Bridge 打开重命名文件，并按 Ctrl+A 组合键选中当前文件中所有的照片。

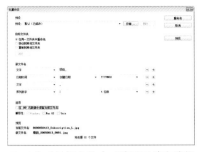

03 在 Adobe Bridge 中选择 "工具 > 批重命名" 命令，弹出如图所示对话框。

04 在 "目标文件夹" 选项区域中选择一个选项，以确定是在同一文件夹中进行重命名操作。

05 在 "新文件名" 选项区域中确定重命名后文件名的命名规则。如果规则项不够用，可以单击 "+" 按钮增加规则；反之，则可以单击 "—" 按钮以减少规则。

06 观察 "预览" 选项区域命名前后文件名的区别，并对文件名的命名规则进行调整，直至得到满意的文件名。

07 单击 "重命名" 按钮，自动开始重命名操作，批量照片名称为重命名后在 Adobe Bridge 中观看到的图像文件信息。

6. 为照片标记颜色和星级

Adobe Bridge的实用功能之一是使用颜色标记照片。按这种方法对照片进行标记后，可以使照片显示为某一种特定的颜色，从而直接区别不同照片。要对照片进行标级，可以先选择一张或多张照片，然后执行以下操作。经过标记后的照片，可以看出标记，不同照片一目了然。

在对商业照片进行标记时，首先选择照片，然后从 "标签" 菜单中选择一种标签类型，或在照片上右键单击，在弹出的快捷菜单中的 "标签" 子菜单中进行选择。以下选择、第二、已批准、审阅、待办事宜五种选项有着不同的标签颜色。如果要从照片中去除标签，选择 "标签>无标签" 命令即可。

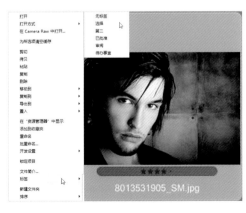

Adobe Bridge提供了从一星到五星的5级星级。要添加一颗星，选择"标签>提升评级"命令；要去除一颗星，选择"标签>降低评级"命令；要去除所有的星，选择"标签>无评级"命令。也可直接在标签上点击所需设置的几颗星，在那颗星星上单击即设置成功。此功能可以对这些照片进行评级、查看和操作时分级进行，以便于对不同品质的照片进行不同的操作。

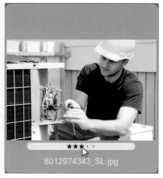

选择"视图>排序"菜单下的命令，或者选择"未筛选"下拉列表框中的星级名称，就可以方便地根据文件的评级进行查看。

2.3.2 Mini Bridge管理照片

Adobe Bridge是Photoshop的文件浏览器，是一个能够单独运行的完全独立的应用程序。使用Bridge可以查看和管理所有的图像文件，包括Photoshop自家的PSD、AI和PDF文件。但有些时候，我们需要同时打开Adobe Bridge和Adobe Photoshop进行操作，就相当于同时打开了两个应用软件，这样会占用更多系统资源。为了解决这个问题，在Photoshop CS6中集成了Mini Bridge。

Photoshop CS5中内置的Mini Bridge满足了我们最常用的功能并减少了资源占用率，而且在需要的时候还可以随时进入外部的Adobe Bridge进行进一步操作，从而加快Photoshop的运行速度，免去来回切换之苦。

Mini Bridge借助 Adobe InDesign、Photoshop和 Photoshop Extended 软件中的可自定义面板，在你的工作环境中访问所有创意资源。排序和过滤后，可以将文件直接拖到文档中。

1. 初识Mini Bridge界面

在Photoshop CS6界面左上角我们可以看到并排的两个按钮，一个是Br，一个是Mb。这就是一个切换开关，我们可以通过这两个按钮分别打开Adobe Bridge和Photoshop内置的Mini Bridge。

打开Mini Bridge窗口，可以看到它与Adobe Bridge十分相似。其各个功能安排得井井有条，使我们可以快速学会它的使用方法。

打开Mini Bridge窗口

2. Mini Bridge常用功能

窗口左上角两个箭头的图标是"转到父文件夹、近期项目或收藏夹"按钮，作用是进行快速导航。我们可以利用它快速找到近期浏览过的文件夹、我的电脑、图片收藏、桌面等最有可能用得到的路径。

❶ 三角按钮
❷ BR切换
❸ 最近使用文件
❹ 按评级搜索
❺ 图片及文件搜索
❻ 缩览图显示区
❼ 缩览图放大与缩小

Mini Bridge 常用功能

总之，相比Adobe Bridge，Mini Bridge的功能是缩水了。如显示元数据就需要转入Adobe Bridge中进行，对照片进行评级需进入审阅模式等。但它节约了系统资源，使电脑速度更快，不用来回切换。如果需要的话，我们还可以随时打开Adobe Bridge，方便又快捷。

2.4　商业照片专业术语

商业照片在Photoshop中进行修片处理时，常常会接触到一些专业术语，如像素、分辨率、颜色模式、文件模式等。这些相关的术语又分别有些什么意义？它们对于商业照片的修片处理有着什么样的帮助？下面我们进入商业照片专业术语的领域。

2.4.1　像素

什么是像素？像素英文是Pixel，是由Picture（图像）和Element（元素）这两个单词的字母所组成的，是用来计算数码影像的一种单位。如同摄影的相片一样，数码影像也具有连续性的浓淡阶调。我们若把影像放大数倍，会发现这些连续色调其实是由许多色彩相近的小方点所组成，这些小方点就是构成影像的最小单位"像素"（Pixel）。这种最小图形的单元能在屏幕上显示通常是单个的染色点。越高位的像素，其拥有的色板也就越丰富，也越能表达颜色的真实感。下图清楚地展示了不同像素的画面质量对比。

像素大小宽度为 5000 像素图

像素大小宽度为 200 像素图

像素大小宽度为 50 像素图

2.4.2 分辨率

　　分辨率（resolution，港台称为解析度）就是屏幕图像的精密度，是指显示器所能显示像素的多少。由于屏幕上的点、线和面都是由像素组成的，显示器可显示的像素越多，画面就越精细，同样的屏幕区域内能显示的信息也就越多。所以，分辨率是非常重要的性能指标之一。可以把整个图像想象成一个大型的棋盘，而分辨率的表示方式就是所有经线和纬线交叉点的数目。

分辨率为300像素、像素大小为1.67M图

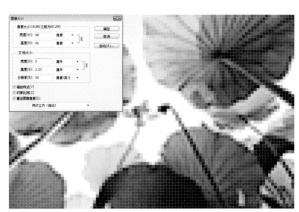

分辨率为50像素、像素大小为18.8K图

2.4.3 颜色模式

　　颜色模式是将某种颜色表现为数字形式的模型，或者说是一种记录图像颜色的方式。分为：RGB模式、CMYK模式、HSB模式、Lab颜色模式、位图模式、灰度模式、索引颜色模式、双色调模式和多通道模式。

　　颜色的实质是一种光波。它的存在是因为有三个实体：光线、被观察对象以及观察者。人眼是把颜色当作由被观察对象吸收或者反射不同波长的光波形成的。例如，在一个晴朗的日子里，我们看到阳光下的某物体呈现红色时，那是因为该物体吸收了其他波长的光，而把红色波长的光反射到人眼里。当然，我们人眼所能感受到的只是波长在可见光范围内的光波信号。当各种不同波长的光信号一同进入我们眼睛的某一点时，我们的视觉器官会将它们混合起来，作为一种颜色接受下来。同样我们在对图像进行颜色处理时，也要进行颜色的混合，但要遵循一定的规则，即我们是在不同颜色模式下对颜色进行处理的。

◆ RGB 模式

　　自然界中所有的颜色都可以用红、绿、蓝(RGB)这三种颜色波长的不同强度组合而得，这就是人们常说的三原色，也就是RGB模式的原理。我们把这三种原色交互重

RGB 滤色、加色模式

叠，就产生了次混合色：青、洋红、黄。这同时也引出了互补色的概念。原色和次混合色是彼此的互补色，即彼此之间最不一样的颜色。电视机和计算机的监视器都是基于RGB颜色模式来创建其颜色的

◆ CMYK 模式

　　CMYK模式是一种印刷模式。其中四个字母分别指（Cyan）、洋红（Magenta）、黄（Yellow）、黑（Black），在印刷中代表四种颜色的油墨。CMYK

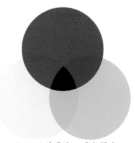

CMYK 正片叠底、减色模式

模式与RGB模式仅仅是产生色彩的原理不同，在RGB模式中由光源发出的色光混合生成颜色，而在CMYK模式中由光线照到有不同比例C、M、Y、K油墨的纸上，部分光谱被吸收后，反射到人眼的光产生颜色。

◆ **HSB 颜色模式**

从心理学的角度来看，颜色有三个要素：色泽(Hue)、饱和(Saturation)和亮(Brightness)。HSB颜色模式是基于人对颜色心理感受的一种颜色模式。它是由RGB三原色转换为Lab模式，再在Lab模式的基础上考虑了人对颜色的心理感受这一因素而转换成的。因此这种颜色模式比较符合人的视觉感受，且更加直观。

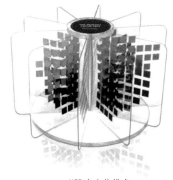

HSB 色立体模式

◆ **Lab 颜色模式**

Lab颜色是由RGB三原色转换而来的，它是由RGB模式转换为HSB模式和CMYK模式的桥梁。该颜色模式由一个发光率(Luminance)和两个颜色(A,B)轴组成。它由颜色轴所构成的平面上的环形线来表示色的变化，其中径向表示色饱和度的变化，自内向外饱和度逐渐增高；圆周方向表示色调的变化，每个圆周形成一个色环；而不同的发光率表示不同的亮度并对应不同环形颜色变化线。它是一种具有"独立于设备"的颜色模式，即使用任何一种监视器或者打印机，Lab的颜色都不变。其中A表示从洋红至绿色的范围，B表示黄色至蓝色的范围。

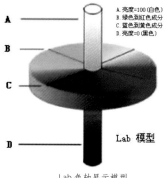

Lab 色轴展示模型

◆ **灰度模式**

灰度模式可以使用多达256级灰度来表现图像，使图像的过渡更平滑细腻。灰度图像的每个像素有一个0（黑色）到255（白色）之间的亮度值。灰度值也可以用黑色油墨覆盖的百分比来表示（0%等于白色，100%等于黑色）。使用黑折或灰度扫描仪产生的图像常以灰度显示。

RGB 模式原图　　　　灰度模式图

◆ **索引颜色模式**

索引颜色模式是网上和动画中常用的图像模式，当彩色图像转换为索引颜色的图像后包含近256种颜色。索引颜色图像包含一个颜色表。如果原图像中颜色不能用256色表现，则Photoshop会从可使用的颜色中选出最相近颜色来模拟这些颜色，以减小图像文件的尺寸。用来存放图像中的颜色并为这些颜色建立颜色索引，颜色表可在转换的过程中定义或在生成索引图像后修改。

索引颜色模式设置面板

◆ **双色调模式**

双色调模式采用2~4种彩色油墨来创建由双色调（2种颜色）、三色调（3种颜色）和四色调（4种颜色）混合其色阶来组成图像。在将灰度图像转换为双色调模式的过程中，可以对色调进行编辑，以产生特殊的效果。而双色调模式最主要的用途是使用尽量少的颜色表现尽量多的颜色层次，这对于降低印刷成本是很重要的。因为在印刷时，每增加一种色调都需要更多的成本。

◆ 位图模式

位图模式用黑和白来表示图像中的像素。位图模式的图像也叫作黑白图像。因其深度为1，也称为一位图像。由于位图模式只用黑白色来表示图像的像素，在将图像转换为位图模式时会丢失大量细节，因此Photoshop提供了几种算法来模拟图像中丢失的细节。 在宽度、高度和分辨率相同的情况下，位图模式的图像尺寸最小，约为灰度模式的1/7和RGB模式的1/22以下。

◆ 多通道模式

多通道模式对有特殊打印要求的图像非常有用。如果图像中只运用了一两种或两三种颜色，使用多通道模式可以降低印刷成本并保证图像颜色的正确输出。6.8位/16位通道模式在灰度RGB或CMYK模式下，可以使用16位通道来代替默认的8位通道。根据默认情况，8位通道中包含256个色阶，如果增到16位，每个通道的色阶数量为65536个，这样能得到更多的色彩细节。Photoshop可以识别和输入16位通道的图像，但对于这种图像限制很多，所有的滤镜都不能使用。另外，16位通道模式的图像不能被印刷。

RGB 模式原图　　　　多通道模式图

2.4.4 文件格式

文件格式是指将文件以不同方式进行保存的格式。Photoshop支持几十种文件格式，因此能很好地支持多种应用程序。在Photoshop中，常见的格式有PSD，JPEG，BMP，PDF，GIF，TIFF，TGA，PNG等。对于刚刚开始学习商业修片并开始接触Photoshop这个软件的初学者来说，还是有必要好好地学习认识一下。或许制作时不觉得这个有多重要，但当你要用于印刷和跨平台操作的时候还是必须要搞清楚的。

◆ PSD 格式

PSD格式是Photoshop的固有格式，它可以比其他格式更快速地打开和保存图像，完好地保存图层、通道、路径、蒙版以及压缩方案，不会导致数据丢失。但是除了Photoshop本身，很少有应用程序能够支持这种格式。

◆ JPEG 格式

JPEG格式是我们平时最常用的图像格式。它是一个最有效、最基本的有损压缩格式，被大多数图形处理软件所支持。如果对图像质量要求不高，但又要求存储大量图片，使用JPEG无疑是一个好办法。但是对于要求进行图像输出打印的，最好不使用JPEG格式，因为它是以损坏图像质量而提高压缩质量的。

◆ BMP 格式

BMP(Windows Bitmap)格式是微软开发的Microsoft Pain的固有格式，被大多数软件所支持。BMP格式采用了一种叫RLE的无损压缩方式，对图像质量不会产生影响。

◆ PDF 格式

PDF（Portable Document Format）是由Adobe Systems创建的一种文件格式，允许在屏幕上查看电子文档。PDF文件还可被嵌入Web的HTML文档中。

◆ GIF 格式

GIF格式是输出图像到网页最常采用的格式。GIF采用LZW压缩，限定在256色以内的色彩。GIF格式以87a和89a两种代码表示。GIF87a严格支持不透明像素，而GIF89a可以控制那些区域透明，更大地缩小了GIF的尺寸。如果要使用GIF格式，就必须转换成索引色模式(Indexed Color)，使色彩数目转为256或更少。

◆ TIFF 格式

TIFF（Tag Image File Format，意为有标签的图像文件格式）是Aldus在Mac初期开发的，目的是使扫描图像标准化。它是跨越Mac与PC平台最广泛的图像打印格式。TIFF使用LZW无损压缩方式，大大减小了图像尺寸。另外，TIFF格式最令人激动的功能是可以保存通道，这对于处理图像是非常有好处的。

◆ TGA 格式

TGA(Targa)格式是计算机上应用最广泛的图像文件格式，支持32位。它是由美国Truevision公司为其显示卡开发的一种图像文件格式，已被国际上的图形、图像工业所接受。TGA图像格式最大的特点是可以做出不规则形状的图形、图像文件。一般图形、图像文件都为四方形，若需要有圆形、菱形甚至是镂空的图像文件，TGA可就派上用场了!TGA格式支持压缩，使用不失真的压缩算法。

◆ PNG 格式

PNG(Portable Network Graphics)的原名为"可移植性网络图像"，是网上接受的最新图像文件格式。PNG能够提供长度比GIF小30％的无损压缩图像文件。它同时提供24位和48位真彩色图像支持以及其他诸多技术性支持。由于PNG非常新，所以目前并不是所有的程序都可以用它来存储图像文件。但Photoshop可以处理PNG图像文件，也可以用PNG图像文件格式存储。

2.5　认识Photoshop图像处理软件

在商业修片制作过程中，图像的编辑和处理是必不可少的。在众多的图像软件中，Adobe公司出品的系列软件Photoshop以全面的功能和众多的美术处理手法而著称。Adobe Photoshop简称"PS"，是一款由Adobe Systems开发和发行的图像处理软件。Photoshop主要处理以像素所构成的数字图像。使用其众多的编修与绘图工具，可以更有效地进行图片编辑工作。Photoshop集图像创作、图像合成、图像扫描于一体，而且支持多种图像文件格式。下面我们就走进Photoshop的世界。

2.5.1 认识并优化Photoshop CS6工作界面

安装并启动Photoshop CS6 后，就可进入Photoshop CS6 全新的工作界面中。整个工作界面在原来版本的基础上做了更深入的改动，不但对面板菜单进行了调整，同时以更人性化的设计来构建整个界面，使软件操作更加得心应手。

1. 认识Photoshop CS6工作界面

Photoshop CS6 工作界面以全新的深灰色显示，比之前的版本更加简洁、美观。工作界面去除了应用程序栏，由菜单栏、工具箱、图像窗口、面板等组成。

❶ 菜单栏　　❻ 图层面板
❷ 选项卡　　❼ 工具箱
❸ 工具选项栏　❽ 图像窗口
❹ 颜色面板　　❾ 状态栏
❺ 调整面板　　❿ 控制区

Photoshop CS6 工作界面

◆菜单栏

菜单栏中包含文件、编辑、图像、图层、文字、选择、滤镜、3D、视图、窗口和帮助菜单选项，在单击某一个菜单后会弹出相应的下拉菜单，在下拉菜单中选择各项命令即可执行此命令。

◆选项卡

当打开多个文档时，它们可以最小化到选项卡中，单击需要编辑的文档名称即可选定该文档。

◆工具选项栏

在选择某项工具后，工具选项栏中会出现相应的工具选项，在工具选项栏中可对工具参数进行相应设置。

◆图像窗口

图像窗口是Photoshop的主体，打开图片后可以直接在图像窗口进行操作，主要用来显示或编辑图像文件。

◆工具箱

工具箱将Photoshop的功能以图标的形式聚在一起，将光标放置到某个图标上，即可显示该工具的名称；若长按按钮图标，即会显示该工具组中其他隐藏的工具。

◆调整面板

调整面板可以快速地对图像进行色阶、曲线、色彩平衡、色相/饱和度等调整设置。

◆颜色面板

颜色面板用于设置前景色和背景色颜色，在面板中单击右侧的前景色色块，即可设置前景色；单击背景色色块，即可设置背景色。默认情况下为黑白色，单击并拖曳右侧的滑块可设置选择的背景色颜色。

◆图层面板

图层面板是图像编辑最常用到的面板，它可以对制作图像的图层进行适当新建、删除、合并、链接、建立蒙版、添加图层样式、创建调整图层等一系列操作。

◆状态栏

状态栏主要用于显示图像的文档大小以及当前工具等信息。

◆控制区

控制区主要用于启动Mini Bridge浏览和编辑图像文件，以及运用时间轴制作动画效果。

2. 优化Photoshop CS6工作界面

默认Photoshop CS6中文版工作界面为黑灰色，如果想改变工作界面颜色，可选择"编辑>首选项>界面"命令，弹出"首选项"对话框，在其中可以选择切换主界面颜色。

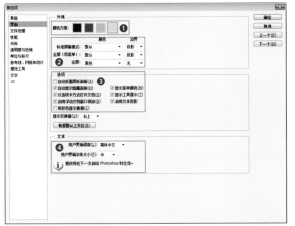

❶ 颜色方案选择
❷ 屏幕设置
❸ 选项设置
❹ 文本设置

Photoshop CS6 主界面更改

在运用Photoshop 进行作品设计时，为了便于操作，可以将工作区中的一部分面板关闭或以组合的方式进行显示，以优化工作界面。通过将常用的面板组合在一起创建适合于个人操作的工作区，并应用于实际操作中，可大大提高工作效率。

关闭多余选项卡

开启导航、拖出面板

◆工作区的创建

设置好自定义的工作区后，执行"窗口>工作区>新建工作区"菜单命令。打开"新建工作区"对话框，在"名称"右侧的文本框中输入工作区的名称，单击"存储"按钮，保存工作区即可。此时，执行"窗口>工作区"命令，可在右侧看到设置好的个性工作区选项。

◆面板拼合与拆分

面板的拼合可以使界面操作更加简洁，可以单击面板上方标签，然后将该面板拖至其他面板窗口中。面板拆分时，方法一样，直接向外拖动面板上方标签，即可将面板轻松分离出来。

◆关闭选项卡

右击面板标签，在打开的菜单下执行"关闭选项卡组"命令，可以直接关闭面板。关闭选项卡组方法一样。

◆面板的折叠与展开

单击折叠面板上方的三角按钮，将展开面板。将面板转为折叠方法一样。

2.5.2 设置屏幕模式

Photoshop的屏幕模式分为标准屏幕模式、带有菜单栏的全屏模式、全屏模式三种。单击在工具箱最下角的"更改屏幕模式"按钮，可以切换三种屏幕模式。使用Photoshop CS6屏幕模式选项在整个屏幕上查看图像，可以显示或隐藏菜单栏、标题栏和滚动条。

除了直接单击工具箱上的"更改屏幕模式"按钮进行切换以外，还可以按F键进行快速切换。

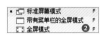

❶单击"更改屏幕模式"按钮
❷三种屏幕模式选择

◆标准屏幕模式

默认Photoshop CS6视图，将显示菜单栏、滚动条和其他屏幕元素。

◆带有菜单栏的全屏模式

扩大图像显示范围，但在Photoshop CS6视图中保留菜单栏。

◆全屏模式

可以在屏幕范围内移动图像以查看不同的区域。按住键盘上空格键切换为抓手工具，查看Photoshop CS6图像；按键盘上Esc键退出全屏模式。

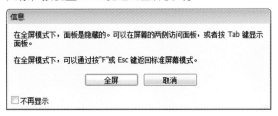

2.5.3 照片排列方式

工作中经常会因为某些原因需要将多张照片图像合并成一个图像文件，那么为了展示文件内容的缩览图当然也要合并，如果单一地进行处理会很麻烦，这点大家都可能碰到过。所以，今天来跟大家分享一下怎样用Photoshop自动化处理排列照片。

Photoshop提供的（Web照片画廊）可以自动地创建缩览图目录；（图片包）命令可以自动地完成图片的排列。好好学习照片排列的方式，会为你日后的工作省去很多麻烦。

01 打开 Photoshop，首先学习怎样自动地创建缩览图目录。执行"文件 > 自动 > 联系表Ⅱ"命令，弹出"联系表Ⅱ"对话框，在对话框中设置参数。"源图像"处可以选择你要批处理的图像，也可以在"浏览"中进行设置。"文档"处设置页面的大小、分辨率及颜色模式以及是否拼合图层。"缩览图"处设置图片的大小及间距。

02 设置完成后单击"确定"按钮。随即自动在 Photoshop 中生成缩览图，在自动操作过程中还会显示其自动生成的历史记录。此时可以根据自己所需，"存储"或"另存为"文件，文件将自动命名为"联系表 -001"。在"联系表 II"的设置中，如果取消勾选"拼合所有图层"选项，所有的缩览图和文件名都将分别存储在单独的图层中，制作时更改缩览图位置更方便。

2.5.4 图像基本操作

Photoshop是当今世界最流行的图形图像处理软件。这是一款集图像制作、编辑修改、图像扫描及图像输入输出于一体的图像处理软件，具有友好的界面、直观的处理方式、丰富的效果和强大的功能，是以处理位图图像为主要功能的编辑软件。这里我们将介绍使用Photoshop处理位图图像的一些最为常用最为基础的操作。这些操作在日常的图像处理过程中会被经常使用。也就是说只有掌握了这些最基本的图像处理方法，才可以对图像进行操作。

◆打开图像文件

执行"文件>打开"命令，在"打开"对话框中选择所要打开的图片即可。

◆调整图像大小

在文档窗口标题栏上右击，在弹出的快捷菜单中选择"图像大小"，可在弹出的"图像大小"对话框中调整图像大小。执行"图像>图像大小"命令，同样可以调整图像大小。"图像大小"对话框下方的约束比例可以在调整大小时约束长宽比。

◆调整画布大小

在文档窗口标题栏上右键单击，在弹出的快捷菜单中选择"画布大小"，可在弹出的"画布大小"对话框中调整图像大小。执行"图像>画布大小"命令，同样可以调整图像大小。画布大小命令可以直接扩大或缩小画布。

◆图像的输入和输出

扫描仪输入图像：扫描仪是一种计算机外部仪器设备，通过捕获图像并将之转换成计算机可以显示、编辑、储存和输出的数字化输入设备。对照片、文本页面、图纸、美术图画、照相底片等可以进行扫描输入。

打印机输出图像：打印就是将你需要的文字、图片从数据文档变成纸质文档。

事实上，现如今某些商业修片已经可以实现完全的数码修片了，摄影的照片无须冲洗也无须扫描，摄影的存储卡即可直接在电脑中导入商业照片，并完成所有编辑和操作。

◆调整图像显示比例

工具箱里的放大镜及导航控制面板上的滑块都可以对图像的比例显示进行调整。

原图及原图画布大小

画布大小设置小于原图时进行剪切

画布大小设置大于原图时扩展画布，画布颜色可设置

◆图片的裁剪

单击工具箱中的裁剪工具按钮 ，可以直接在画面中框选裁剪的范围，完成后按Enter键确定即可。

原图

框选裁剪区域

按Enter键裁剪效果

◆图像的保存

执行"文件>保存"命令，可以对当前编辑图像在原图的基础上进行覆盖保存，也可按Ctrl + S组合键直接保存；执行"文件>另保存为"命令，可以对当前编辑图像另外存储一个新的文件，也可按Ctrl+Shift+S组合键直接另存。保存时图像格式可以根据需要随意更换。

存储选择　　　　存储为选择

存储位置

◆文件的新建

执行"文件>新建"命令，在打开的"新建"对话框中设置"名称"、"宽度"、"高度"、"分辨率"、"颜色模式"、"背景内容"以及"高级"选项设置，完成后单击"确定"按钮。

◆文件的存储格式

文件的存储格式多种多样。通常情况下，为了保存图层、蒙版、通道等制作效果，都使用PSD格式进行保存，而需要展示的图一般采用JPG格式。

"新建"对话框

2.5.5 常用辅助工具

Photoshop中，常用辅助工具有移动工具、切片和切片选择工具、吸管工具、标尺工具等。下面我们就依次来看看，辅助工具都有些什么作用。

1. 移动工具

移动工具主要是用来移动图像，对图像或选区内图像进行位置的调整，也可以进行图层拖移的操作，是图像制作最常见的辅助工具。

❶ 勾选此项，在画布上右击，在弹出的快捷菜单中可进行选择。

❷ 勾选此项，会在像素对象外添加虚线变换框，拖曳进入自由变换状态。

❸ 图层的对齐和分布。

❹ 自动对齐图层。

❺ 3D模式操作按钮。

右键单击图像选择图层

勾选"显示变换控件"，显示自由变换编辑框

原图

顶对齐

垂直居中对齐

底对齐

左对齐

水平居中对齐

右对齐

知识提点：利用移动工具分布图像

在Photoshop中使用移动工具不仅可以对图像进行对齐设置，在属性栏上通过右侧的按钮还可以轻松完成图像分布，调整水平、垂直和居中分布，以便对多个图像进行等比例间距调整。

原图

按左分布图像

2. 切片工具和切片选择工具

切片工具是Photoshop自带的一个平面图片制作工具，用于切割图片，制作网页分页。切片工具可以将一个完整的网页切割成许多小片，以便上传。我们的网页设计稿被切成一片一片的，或一个表格一个表格的，才能对每一张进行单独优化，以便于网络下载。

切片选择工具是对切片后的效果进行更改的工具。当你把一张图片切好片，默认它只能修改最后一块切片的大小。但是可以使用切片选择工具，点击随意一块切片，再对该块切片进行大小的调整和修改。

切片功能主要是为存储为Web所有图像服务的，即切片后存为Jpeg，Gif格式的话，Photoshop就会将每个切片的内容分成一个文件。这样操作会使在如Flash等软件中的某些效果制作更加方便。

切片效果

3. 吸管工具

吸管工具是用来吸取图像颜色的，它只能吸取一种，吸取面积3X3，即吸取该点周围三个像素的平均色。在使用吸管工具时，信息面板和颜色面板表现特别明显。比如信息面板上的RGB，CMYK，XYWD数值会随着吸管工具的移动而变化。颜色面板则会很直观地显示出吸管工具取色后的值。Photoshop中的吸管工具可用于拾取图像中某位置的颜色，一般用来取前景色后用该颜色填充某选区，或者取色用绘图工具(如画笔工具、铅笔工具等)来绘制图形。吸管工具可以吸取Photoshop中任意文档的颜色，除此之外还有一个非常重要的作用是吸取不同位置的颜色，然后在"信息"面板中查看颜色的数值并进行比较。这一功能可能初学者用得比较少。

在不清楚图像颜色参数的情况下，吸管工具的作用极大，直接吸取颜色，就可以运用相同的色彩进行绘制。

吸取图像颜色

颜色面板、信息面板、前景色

4. 标尺工具

标尺工具是非常精准的测量及图像修正工具。当我们用这个工具拉出一条直线后，会在属性栏显示这条直线的详细信息，如坐标、宽、高、长度、角度等。这些都是以水平线为参考的。有了这些数值，我们就可以判断一些角度不正的图盘偏斜角度，以便精确校正。

按Ctrl+R组合键，可以直接在图像上显示标尺刻度。向下或向左拖曳标尺，可以拉出直线到我们需要的位置点上。单击移动工具，将其置于标尺上，可以调整直线位置。

显示标尺刻度

标尺上拖曳横向参考线

标尺上拖曳纵向参考线

2.5.6　读懂直方图

直方图(Histogram)又称柱状图、质量分布图，是一种统计报告图，由一系列高度不等的纵向条纹或线段表示数据分布的情况。一般用横轴表示数据类型，纵轴表示分布情况。

直方图是一种几何形图表，是一种表示资料变化情况的主要工具，并不是Photoshop所特有的。用直方图可以解析出资料的规则性，使人比较直观地看出产品质量特性的分布状态，对于资料分布状况一目了然，并方便判断其总体质量分布情况。制作直方图牵涉统计学的概念，首先要对资料进行分组，因此如何合理分组是其中的关键问题。按组距相等的原则进行的两个关键数位是分组数和组距。

在Photoshop中，色阶的直方图是一个典型的直方图展示。色阶直方图主要是观察图片明暗数据的分布，有时由于显示器的问题，显示的图片与实际的明暗光线有一定差异，但是通过色阶可以客观地知道一幅图片的明暗分布实际上是怎样的。

原图

❶ 色阶直方图

调整后

由上图可看到，色阶对话框下方有黑色、灰色和白色3个箭头，它们的位置对应"输入"中的三个数值。其中黑色箭头代表最低亮度，就是纯黑，也可以说是黑场；白色箭头就是纯白；灰色箭头就是中间灰。而水平X轴方向代表绝对亮度范围，从0~255；竖直Y轴方向代表像素的数量。和直方图一样，Y轴有时并不能完全反映像素量，在色阶工具中也没有统计数据的显示。

◆曝光恰当

曝光恰到好处的照片，亮度分布在最暗和最亮之间，左端最暗处和右端最亮处都没有溢出，也就是说暗部和亮部都没有损失细节层次。

◆曝光不足

曝光不足的照片，左端会产生溢出，暗部细节损失较大；右端亮部没有像素，亮度不足。对于商业数码照片来说，如果图像的亮度在直方图两端产生溢出，将会造成不可挽回的损失。

◆曝光过度

曝光过度的照片，左端像素较少，照片缺少黑色成分；右端溢出，细节损失较大。

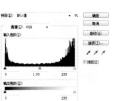

◆反差过低

反差过低的照片，左端和右端都富余大量的空间，影调集中在中间部分。一般来讲，如果直方图的分布在水平方向大于直方图宽度的四分之一，图像的层次信息就不会产生肉眼能观察到的细节损失。

◆反差过高

反差过高的照片，两端都将产生溢出，照片的细节已经丢失，这将给照片的暗部和亮部都造成不可逆转的细节损失。

2.6 商业数码照片基本操作

在进行商业数码照片的修片处理时，将不可避免地运用到Photoshop中一些照片调整的基本操作。这些操作方法，在未来的商业数码修片中是不可缺少而又简单基础的。

2.6.1 调整照片大小

在Photoshop中，对于照片大小的调整方法有很多种。首先"图像大小"和"画布大小"可以分别对照片的图像和画面大小进行调整，分别执行"图像>图像大小"命令及"图像>画布大小"命令，可以对照片的图像大小和画布大小进行调整。这在前面章节已经讲过，就不再赘述了。

大家必须清楚图像大小和画布大小的区别。图像大小是指对照片的像素大小进行调整，缩小时，图像压缩，图像像素和精度降低。而画布大小则是指对照片的画面进行剪切或扩展，是对画面大小的一种调整。

2.6.2 裁剪照片

除了图像大小和画布大小的设定，照片大小的调整还可以直接使用裁剪工具 在画面中拖曳，创建适当的裁剪框大小，按Enter键确定即可裁剪照片。

裁剪框设置   裁剪后效果

2.6.3 移动照片

照片的移动通过移动工具 即可完成。单击移动工具按钮 ，拖动照片的标签栏可以随意在Photoshop内调整照片位置。对照片中图层的拖曳，同样是单击移动工具按钮 ，在图像上右键单击选中图层，然后直接拖曳即可。

移动工具选择图层   图层概览   移动工具移动照片

2.6.4 旋转照片

在Photoshop中，照片旋转是常常用到的操作方式，其旋转方法有很多种。下面我们依次介绍几种不同方式的照片旋转方法。

1. 图像旋转命令旋转照片

执行"图像>图像旋转"命令，在弹出的快捷菜单中可以分别选择"180度"、"90度（顺时针）"、"90度（逆时针）"、任意角度、水平翻转画布、垂直翻转画布，根据画面需要进行画布的旋转处理。

原图　　　执行"图像＞图像旋转"命令

180 度旋转　　　　90 度（顺时针）旋转　　　　任意角度旋转　　　　水平翻转画布

2. 旋转视图工具旋转照片

旋转视图工具是一种比较方便快捷的对照片视图进行旋转的工具。单击Photoshop CS6中文版工具箱旋转视图工具按钮，在图像窗口中按住鼠标左键向画面左右拖曳，图像中出现罗盘指针，即可任意旋转编辑照片的视图图像。

旋转前　　　　　　　　　　　　　　　　旋转操作

选择 Photoshop CS6中文版旋转视图工具属性栏上的"复位视图"，可以复位还原视图；或按键盘上的Esc键，同样可以复位视图。

复位视图

3. 自由变换命令旋转照片

执行"编辑>自由变换"命令，或者直接按Ctrl+T组合键，显示自由变换编辑框，拖曳编辑框可以对照片进行自由变换和旋转处理，完成后按Enter键确定即可。

原图

自由变换旋转

按Enter键确定

2.6.5 操控变形

照片的变形处理根据画面需要，可以通过自由变换命令、涂抹工具以及液化滤镜完成操作。

原图

自由变换变形处理

涂抹工具变形处理

液化滤镜变形处理

2.6.6 拼合照片

使用数码单反相机可以拍摄全景照片，而一系列同一场景的普通照片也可以被拼合为全景照片。这个拼图功能主要是摄影师在拍摄某个风景的时候，由于相机取景区域有限，只能拍摄局部风景。为了达到完整风景的效果，PS推出了这个拼合照片的功能。在拼合全景照片时需要注意的是，相邻照片的图像重叠部分应在20%左右，以便在拼合全景照片时更好地识别拼合区域图像的内容。

01 开启 Photoshop，执行"文件 > 自动 >Photomerge"命令，弹出 Photomerge 对话框。

02 在 Photomerge 对话框中单击"浏览"按钮，依次选择"Chapter2\2.2.6\Media\01.jpg"、"Chapter2\2.2.6\Media\02.jpg"、"Chapter2\2.2.6\Media\03.jpg"图像文件，并单击"确定"按钮，自动打开三张素材图片，生成三个带蒙版的图层，并自动调整其位置进行拼合。

03 按 Ctrl+Shift+Alt+E 组合键盖印图层，完成后放大图像可看到画面边缘缺失，呈透明像素状态。

04 按 Ctrl 键单击"图层 1"的缩览图，载入选区，并按 Ctrl+Shift+I 组合键对选区进行反选。

Photomerge命令可以自动对所要拼接的照片进行拼接并调和颜色，从而使拼合效果的色调达到一致。不同于传统的手动拼合图像，它的操作更快捷简单，且拼接自然完美。

05 执行"编辑＞填充"命令，在弹出的"填充"对话框中设置参数，单击"确定"按钮，修补缺失的像素。完成后按 Ctrl + D 组合键取消选区。

2.6.7 矫正倾斜照片

拍照时，由于手抖或者其他原因导致图片倾斜的情况时有发生。除了常用的自由变换命令可以调整倾斜的照片以外，镜头矫正滤镜也能快速矫正倾斜的照片。

01 执行"文件＞打开"命令，打开"Chapter2\2.6.7\Media\建筑.jpg"图像文件。

02 执行"滤镜＞镜头校正"命令，在弹出的镜头校正对话框中单击"拉直工具"按钮。

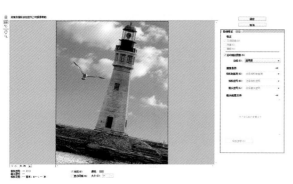

03 运用拉直工具在画面中沿着建筑下的地平线绘制横轴，图像沿着绘制的水平线调整位置，完成后单击"确定"按钮。

2.7 Camera Raw调整商业照片

　　Adobe Camera Raw是Photoshop CS6中的一个图像处理插件，主要用于处理Raw格式图像。Raw格式图像是未经过压缩处理的原始图像文件，在该插件中可对Raw格式图像进行精细的设置。

　　学习和使用Adobe Camera Raw调整商业照片要抓住的重点有两个：一是调整好照片的影调，利用曝光、亮度、黑色、对比度等控件，使照片层次丰富、反差鲜明、暗部和亮部都有丰富的细节。从直方图来看，就是用对象的亮度范围恰好占满直方图区间（少数部位，如反光等可以合理溢出）。不同亮度区域对应的直方图曲线被安排在大致合适的位置。二是基本调整好白平衡。其他功能有的也比较独特，比如可以方便地、有针对性地调整不同颜色的色相、饱和度及亮度。有的功能在Photoshop中也可以实现，不过在Adobe Camera Raw里进行的调整是无损调整，所以在熟悉了Adobe Camera Raw的使用方法之后，应该尽量多用其调整照片。

2.7.1 认识Camera Raw插件

　　在数码单反相机普遍采用的存储格式中，除Jpg和Tif格式以外，Raw格式是更能体现数码照片的成像品质及后期处理优势的一种存储格式，因为Raw格式是未经加工的原始照片格式。

　　Adobe Camera Raw的运用并不是要替代Photoshop，它们有各自的功能和用途，两者之间是接力式和相辅相成的关系。这里Camera Raw重点在于给照片进行基本定位，而 Photoshop的作用是精雕细刻。就像盖楼房一样，Adobe Camera Raw相当于完成基础结构，搭建横平竖直的梁柱、墙壁，在合适的位置留出规整的门窗，建造出合格的毛坯房；Photoshop的作用是在毛坯房的基础上进行精装修，抹平墙壁和地面，装上精致的门窗，刷上漂亮的油漆等。

　　Adobe Camera Raw 软件可以解释相机原始数据文件，使用有关相机的信息以及图像元数据来构建和处理彩色图像。可以将相机原始数据文件看作照片负片。你可以随时重新处理该文件以得到所需效果，即对白平衡、色调范围、对比度、颜色饱和度以及锐化进行调整。在调整相机原始图像时，原来的相机原始数据将保存下来。调整内容将作为元数据存储在附带的附属文件、数据库或文件本身中。

　　在Photoshop CS6中打开Raw格式照片文件，可直接打开Adobe Camera Raw插件，会自动弹出Adobe Camera Raw工作界面对话框。其工作界面简洁友好，功能区清晰明确。

❶ 工具菜单栏：包括用于编辑照片图像的工具及设置Camera Raw系统和界面等属性的功能按钮。

❷ 图像预览窗口：用于预览打开的照片及调整后的照片效果，可调整视图大小以查看照片图像。

❸ 直方图信息：用于查看当前照片图像的曝光数据信息。

❹ 调整面板：选择指定的调整面板选项卡可切换调整面板，用于调整照片图像的颜色。

❺ 操作按钮：单击"存储图像"按钮可详细设置照片的存储属性；单击"打开图像"按钮可打开图像至Photoshop；单击"完成"按钮将直接保存调整后的属性至原照片。

Adobe Camera Raw 工作界面

2.7.2 Camera Raw照片修复技巧

Camera Raw中的修复功能可以对商业数码照片进行修复处理。通过修复数码照片的一些修复技巧，可以使画质更加清晰细腻，从而增强照片的实用性和美感。

1. 使用旋转工具校正视图

Camera Raw中的旋转工具可以快速调整不同的视图方向。在画面上方单击"逆时间旋转90度"及"顺时间旋转90度"按钮，即可随意旋转视图。

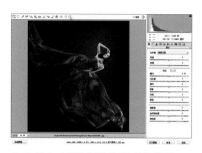

01 执行"文件 > 打开"命令，打开"Chapter2\2.7.2\2.7.2.1\Media\ 人物 .dng"图像文件。

02 单击"顺时间旋转 90 度"按钮，视图将自动顺时针旋转 90 度。

2. 使用拉直工具校正透视

拉直工具与Photoshop中镜头校正滤镜中的拉直工具操作类似，都是通过拉取水平或垂直的直线对镜头透视进行快速校正。其操作方法简单快捷，能让人轻松应用。

01 执行"文件 > 打开"命令，打开"Chapter2\2.7.2\2.7.2.2\Media\ 花朵 .dng"图像文件。

02 单击面板上方的拉直工具按钮，沿着倾斜的地平线拉取直线。

03 拉取后，在画面中将自动创建一个倾斜的拉直控制框。

04 完成后按 Enter 键确定，可自动以对应的角度校正照片倾斜度，恢复地平线水平状态。

3. 使用白平衡工具校正色偏

白平衡工具主要用于调整画面的白平衡。使用该工具可以通过单击画面颜色，对画面色彩直接进行调整，其操作简单但校正色偏的效果明显。

01 执行"文件＞打开"命令，打开"Chapter2\2.7.2\2.7.2.3\Media\ 花卉 .dng"图像文件。

02 单击白平衡工具按钮 ，在画面花朵上单击调整色偏，色调将发生改变。

知识提点：白平衡的调色准则

用白平衡工具对画面单击即可轻松调色，调整后的画面颜色是单击点颜色的补色色调。因此，调整时可根据画面需要选择适当的单击点颜色。

4. 去除镜头晕影

拍摄中因为光线或物体遮挡，可能会造成图像局部有晕影的现象。这时通过"镜头晕影"选项可以轻松去除画面晕影，使图像效果变亮。

01 执行"文件＞打开"命令，打开"Chapter2\2.7.2\2.7.2.4\Media\ 雪景 .dng"图像文件。

02 单击右侧的镜头校正按钮 ，设置"镜头晕影"选项组的参数，雪景右侧阴影变亮。

知识提点：镜头晕影的操作

在商业拍摄的时候，因为各种因素局部产生晕影，或者照片的光影效果太暗，都可以运用镜头中的"数量"和"中点"两个选项进行设定。设定时，在"数量"值不变的情况下，"中点"选项是不能设定的。

5. 使用污点去除工具去除瑕疵

污点的去除是对照片细节瑕疵部分进行修复的基本操作，通常通过污点修复工具就可以轻松完成。污点去除工具可用于去除照片中的污点瑕疵，也可复制指定的图像到其他图像区域，以修复图像。

01 执行"文件＞打开"命令，打开"Chapter2\2.7.2\2.7.2.5\Media\ 蓝色 .dng"图像文件。

02 单击污点去除工具按钮，创建选区选取需要去除的球，同时创建修补选区并拖至适当的位置，从而去除多余物体。

知识提点：污点修复工具的复制功能

污点修复工具与仿制图章工具相似，同样可以仿制所圈选的区域图像，以完成图像复制的效果。

6. 使用相机校准校正颜色

相机校准是经常需要用到的色调调整方法。通过相机校准面板上各参数的调整，协调柔和地调整整体色调，以校正画面色彩。

01　执行"文件＞打开"命令，打开"Chapter2\2.7.2\2.7.2.6\Media\美女.dng"图像文件。

02　单击右侧的相机校准按钮，切换至相机校准面板，设置相机校准面板上的各参数以校正颜色。

2.7.3　应用Camera Raw调整色调

在Camera Raw中快速调整照片的颜色效果，可结合使用颜色调整工具进行，也可在调整面板中设置照片的颜色色调，以调出照片不同的色彩效果。本小节主要针对数码照片的色调进行调整处理，结合多种方式调整照片色调，通过不同的调整工具和调整面板进行适当的色调调整应用，调出照片丰富的颜色效果。

1. 使用目标调整工具调整颜色

使用目标调整工具可直接在画面中左右拖曳调整颜色的色相、饱和度、明亮度、灰度及曲线设置，以调整照片整体或局部颜色，拖曳后会同时在调整面板上显示色调参数状态。

01　执行"文件＞打开"命令，打开"Chapter2\2.7.3\2.7.3.1\Media\心形.dng"图像文件。

02　选择目标调整工具右击画布，在弹出的菜单中选择"色相"命令，在画面草坪区域向上拖曳，以调整草坪色调。

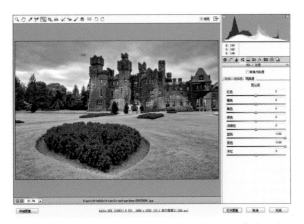 

03 右击画布，在弹出的菜单中选择"明亮度"命令，在天空区域向右拖移，以调亮天空。

04 右击画布，在弹出的菜单中选择"饱和度"命令，在红色花丛区域向右拖移，以增加饱和度。

2. 自定义调整白平衡色调

白平衡的自定义调整，除了通过白平衡工具单击画面调整画面色调外，还可以辅助基本面板上的对比度、高光和阴影，使整个画面色调更协调、对比更强烈。

01 执行"文件>打开"命令，打开"Chapter2\2.7.3\2.7.3.2\Media\少女.dng"图像文件。

02 单击白平衡工具按钮，单击人物皮肤位置，图像色调发生改变。

03 单击基本按钮，在打开的基本面板中分别拖曳对比度、高光和阴影滑块，设置各项参数，增强画面对比和高光阴影效果，使画面更加协调。

知识提点：白平衡工具的运用

使用白平衡工具在画面中单击以调整照片色调，应用整个画面的色调是单击点颜色的补色色调。例如，此案例中单击人物皮肤的橙色调，则将蓝色色调应用到整个画面色调中。

3. 设置各曲线通道颜色

曲线通道的调整可以快速调整各通道的颜色，即红、绿、蓝，通过曲线的拖曳，可以快速调整出需要的偏色色调，且色彩感觉柔和自然。

01 执行"文件>打开"命令，打开"Chapter2\2.7.3\2.7.3.3\Media\女孩 .dng"图像文件。

02 在"色调曲线"面板中选择"点"，设置"通道"为红色，在红色通道中拖曳曲线节点，调整照片色调。

03 设置"通道"为绿色，拖曳曲线节点，调整照片色调。

04 设置"通道"为蓝色，拖曳曲线节点，调整照片色调。

4. 调整指定颜色的色相

在"HSL/灰度"调整面板中，可以通过色相对图像色调进行指定性的调整，能快速有效地调整所需要的色相。

01 执行"文件>打开"命令，打开"Chapter2\2.7.3\2.7.3.4\Media\彩妆 .dng"图像文件。

02 在"HSL/灰度"调整面板中选择"色相"选项，分别设置浅红色、橙色、黄色参数，调整为黄色调。

2.7.4 Camera Raw高级应用

在Camera Raw中除了上述的基本操作和调整外，特效制作的一些高级应用技巧还很多。根据不同的照片，运用不同的制作方法，其特效制作的操作方法也很多，此处不再赘述。下面我们讲讲Camera Raw中一些高级应用，即特效艺术。

1. 设置晕影以制作朦胧感

在摄影艺术中，经常会需要对图片进行加工，制作边缘模糊的暗影或白影效果，使图像更具朦胧感。效果和基本两个调整面板可以轻松制作出晕影特效。

01 执行"文件＞打开"命令，打开"Chapter2\2.7.4\2.7.4.1\Media\盆栽.dng"图像文件。

02 单击右侧"效果"按钮，显示"效果"调整面板，在"效果"调整面板中设置各项参数。

知识提点：晕影的制作

在效果面板中向左拖曳产生黑色晕影，向右拖曳产生白色晕影，可以根据不同的画面需求，设置适当的晕影颜色。完成后在基本面板中调整画面的对比度、高光、阴影等，增强图像的层次感，并可以通过饱和度调整色彩。

03 在"基本"调整面板中设置各项参数，加强画面对比，调整色调。

2. 通过分离色调创建个性色调

分离色调也是快速调整色调的方法之一。在色调分离面板中增强"高光"或"阴影"范围的"饱和度"效果后，可结合调整"色相"选项参数来调整该区域的颜色倾向。

01 执行"文件＞打开"命令，打开"Chapter2\2.7.4\2.7.4.2\Media\唯美.dng"图像文件。

02 单击"分离色调"按钮，在"分离"调整面板中设置高光、饱和度参数。

<table>
<tr><td>03</td><td>在"分离"调整面板中分别设置平衡、阴影、饱和度各项参数。</td><td>04</td><td>在"HSL/灰度"调整面板中选择"明亮度"选项,并设置各项参数,以减淡画面颜色。</td></tr>
</table>

3. 使用渐变滤镜渲染色彩氛围

渐变滤镜应用广泛,对于制作一些渐变和色调融合渲染的图像特效,作用尤为突出。恰当地运用渐变滤镜,将为照片的氛围增色不少。

<table>
<tr><td>01</td><td>执行"文件>打开"命令,打开"Chapter2\2.7.4\2.7.4.3\Media\香薰 .dng"图像文件。</td><td>02</td><td>选择渐变滤镜工具,从右上至左下创建渐变滤镜控制柄,在"渐变滤镜"调整面板中设置各项颜色。</td></tr>
</table>

<table>
<tr><td>03</td><td>单击右下角的颜色色块,设置渐变为黄色,图像发生改变。</td><td>04</td><td>继续在画面从右下至左上创建渐变滤镜控制柄,以增加画面渐变色彩。</td></tr>
</table>

4. 添加颗粒杂色

商业照片修片中有时会制作一些特殊的材质效果,或者一些怀旧质感,这时添加颗粒杂色能快速为图像制作出质感的怀旧效果。

01 执行"文件＞打开"命令，打开"Chapter2\2.7.4\2.7.4.4\
Media\瓶子.dng"图像文件。

02 选择"基本"面板，设置各项参数，增强图像对比度。

03 选择"效果"面板，在面板上拖曳滑块设置各项参数，
添加颗粒效果。

04 选择"分离色调"面板，设置各项参数，调整怀旧氛围。

知识提点：添加暗角

为照片添加暗角效果可通过"效果"面板添加，也可在"镜头校正"面板中添加。在添加的时候，均可根据需要来调整
晕影的中心区域范围。

5. 使用调整画笔增强局部质感

调整画笔工具主要通过在图像中涂抹以创建快速蒙版，并结合"调整画笔"面板调整照片色调和细节。

01 执行"文件＞打开"命令，打开"Chapter2\2.7.4\2.7.4.5\
Media\粉色.dng"图像文件。

02 单击调整画笔工具按钮，在花朵区域单击并涂抹快速
蒙版，并在调整面板内设置各项参数，完成后取消勾选"显
示蒙版"查看调整效果。

2.7.5 RAW格式照片的存储应用

在Camera Raw中编辑调整照片后可直接存储或者另存为其他格式的照片文件，使照片与其他编辑媒介兼容。也可将调整后的照片效果数据存储为预设，以便下次应用同样的设置效果。

1. 直接存储RAW格式照片

在Camera Raw中编辑RAW格式的商业照片后，单击界面右下角"完成"按钮，可将照片编辑的数据直接存储在照片文件中，并同时关闭Camera Raw。通过这种方式存储商业照片，可在不打开图像文件至Photoshop的情况下存储照片调整效果。

2. 另存照片选项

此选项是将照片编辑调整后存储为其他格式或存储至其他文件夹中。在不打开该照片文件至Photoshop的前提下即可将其存储为其他格式的照片文件，也可指定存储的名称模式和存储的文件夹，以及设置对应格式下的相关属性。

在"存储选项"对话框中选择指定文件格式将切换至该格式的设置选项，以设置照片的图像品质。

"存储"选项对话框   切换至TIFF选项

打开一个照片文件并通过一些编辑调整方式调整照片后，单击界面左下角的"存储图像"按钮，在弹出的对话框中设置好目标文件夹、照片的名称及扩展名，并精细设置对应格式的属性，完成后单击"确定"按钮，即可存储照片。

设置JPG选项

原照片文件及编辑调整后另存的照片文件

3. 存储设置及载入设置

存储设置及载入设置是将照片的编辑调整数据存储后载入其他照片文件的调整应用中。这样可以为不同的照片添加相同属性的设置效果，也可以提高照片处理效率。

◆**存储设置**

在编辑调整照片效果后，可将调整效果的相关数据存储至指定的文件夹中，以便将这些数据应用到其他照片调整中。单击调整面板右上角的扩展菜单按钮，即可在其对话框中设置需要存储的数据。默认情况下存储所有数据，也可选择"子集"选项，有针对地保存指定数据，还可手动勾选相应的复选框以选择存储数据。如右图操作，默认存储所有数据以及有针对地保存指定数据。

◆**载入设置**

存储当前设置后，若要将存储的设置数据及效果应用到其他照片效果中，可在打开新的照片文件后，单击调整面板右上角的扩展菜单按钮，在弹出的快捷菜单中选择"载入设置"命令，即可将所存储的设置效果应用到当前的照片效果中。在调整照片后，若要恢复照片的初始效果，可选择快捷菜单中的"复位Camera Raw默认值"命令，以恢复所有的数据。

打开照片文件

调整照片并存储设置

打开照片文件

载入设置效果

第 3 章 Photoshop 能干什么

Photoshop 是一款非常强大的平面制作和设计软件，该软件的应用领域很广泛，在图像、图形、文字、视频、出版等方面都有应用。摄影作为一种对视觉要求非常严格的工作，其最终成品往往要经过 Photoshop 的调整才能得到满意的效果。影像创意是 Photoshop 的特长。通过 Photoshop 的处理，可以将原本风马牛不相及的对象组合在一起，也可以使用"狸猫换太子"的手段使图像发生面目全非的变化。本章将详细讲述 Photoshop 在摄影和制图方面的强大功能。

3.1 修图

在各主题商业照片的拍摄中，常常会因为取景或者拍摄技术的限制，相机设置、光线或者拍摄者的失误等因素，导致拍摄出的照片出现一些瑕疵，影响照片的最终效果。此时就需要运用软件对照片进行修图处理，即我们常说的修片。传统的商业修图不仅可以还原照片色调和细节，还可以将生活中由于保存不当而损毁的老照片扫描到电脑中进行修复，以还原照片的效果。下面我们就通过运用Photoshop工具对拍摄中经常出现的图像缺陷进行整理，进而让读者掌握基础的修图技巧，让你的照片不再有遗憾。

3.1.1 去水印

水印是一种效果，就像盖章一样。通常图库里的图大都会留有水印，这是为了保证图像的知识产权，避免被随意使用。去除水印的方法有很多种，根据不同的画面可以运用不同的工具来实现。

01 执行"文件>打开"命令，打开"Chapter3\3.1\3.1.1\Media\夕阳.jpg"图像文件。

02 单击多边形套索工具按钮，框选水面下方的水印区域，完成后右击选框，在弹出的对话框中选择"羽化"命令，并在弹出的对话框中设置参数，单击"确定"按钮。

03 单击仿制图章工具按钮，按Alt键在选区图像内单击，创建复制的源，然后在选区内涂抹，注意画面像素衔接自然，完成后按Ctrl+D组合键取消选区。

04 使用以上相同的方法，选取天空区域图像，并羽化选区，运用仿制图章工具对图像进行复制涂抹，完成后按Ctrl+D组合键取消选区。

知识提点：水印去除技巧

针对不同的水印大小和画面效果，所运用的水印去除方法也不一样。对于一些精细的画面，在对水印进行去除以还原画面效果时，往往需要对图像选区进行细致的选取，此时多边形套索工具可能不及钢笔工具选取细腻。复制图像源的时候，尽量做到选取更加贴合画面当前色调和图像的源，使画面更加融合自然。

3.1.2 修瑕疵

在进行人物拍摄时，往往会发现照片中的人物并不完美，面部可能会出现细小的瑕疵，如雀斑痘印等。这些在修片的过程中可以通过污点修复工具、修复画笔工具和修补工具快速去除，让人物图效更加完美。

01 执行"文件＞打开"命令，打开"Chapter3\3.1\3.1.2\Media\瑕疵.jpg"图像文件。

02 单击污点修复工具按钮，然后在人物左右面颊瑕疵处适当涂抹，将自动修复面部瑕疵。

知识提点：瑕疵修复技巧

污点修复工具操作中有时会出现黑色污点，并不能完全达到理想的去除瑕疵效果。此时结合修复画笔工具和修补工具，将更加完美自然地去除人物面部瑕疵，使人物面部更光洁完美。

3.1.3 修形态

人物形态的修复也是常见的商业修片基础技巧。对于一些自身体型或拍摄造成的肥胖及扭曲，都可以通过Photoshop修片进行修复，让照片中的人物形态更加轻盈完美。

01 执行"文件＞打开"命令，打"Chapter3\3.1\3.1.3\Media\购物女孩.jpg"图像文件。复制背景图层，生成"图层1"。

02 执行"滤镜＞液化"命令，在打开的对话框中选择向前变形工具，适当调整其大小，然后在人物腰部区域向内适当拉取以缩小人物腰围，拖动时注意腰部边缘的位置。

知识提点：液化涂抹技巧

液化滤镜在操作时注意随时调整向前变形工具的大小，以适应所调整的图像区域，使调整的图像不至于显得生硬。重建工具是恢复画面原有的效果，在涂抹失败时，除了可以按Ctrl+Z组合键返回上一步，还可以通过重建工具进行恢复。

03　腰部形态调整后，继续在人物面部位置适当向内拉伸，令人物面部变得瘦小、下巴显得更尖，整体脸型更加完美。完成后单击"确定"按钮，图像效果发生改变，人物形态修整完成。

3.1.4　修光影

光影的修复在商业修片中也是常常需要面对的问题。拍摄时常常因为光线问题，造成紫光、反光、曝光不足及曝光过度等现象，通过Photoshop适当操作即可以快速修复光影图像。

1. 去除照片紫边

由于相机镜头色效或CCD成像面积等原因，在拍摄过程中可能因为被摄体太大而导致高光与暗部交界处出现色斑现象，从而影响了照片的像质。可在Photoshop中应用调整命令调整紫边颜色，也可借助Camera RAW插件消除紫边现象。

知识提点：紫边的产生及影响

照片中图像边缘区域呈现的偏紫色或偏蓝色高光区域对于照片的细节表现有一定影响，将照片以标准尺寸显示即可直接看到这些紫边，则需要进行修复处理。本实例原照片在较小的尺寸状态下即可清晰地看到紫边，从而影响了主体对象的表现。

01　执行"文件＞打开"命令，打开"Chapter3\3.1\3.1.4\3.1.4.1\Media\紫边.jpg"图像文件。

02　单击"创建新的填充或调整图层"按钮 ◐，在弹出的快捷菜单中选择"色相/饱和度"命令，并在面板中选择"蓝色"选项，设置各项参数，画面效果发生改变。

知识提点：色相/饱和度调整

在对图像边缘呈现偏紫色或偏蓝色的紫边现象照片进行调整时，色相/饱和度可以针对青色、蓝色、洋红等这种受光线影响造成的色调进行局部调整。选择调整的色调时根据画面的不同进行适当选择，方能达到最佳的紫边去除效果。

03 继续在"色相 / 饱和度"面板中选择"洋红"选项，设置各项参数，完成后画面效果发生改变。

04 单击"创建新的填充或调整图层"按钮，在弹出的快捷菜单中选择"色彩平衡"命令，并在面板中设置各项参数，画面色彩变得更加自然柔和，紫边已完全去除。

2. 去除镜片反光

对于一些光线较强的户外拍摄，由于环境中的反光较强，人物墨镜上的镜片反光也会较强。通过渐变工具绘制墨镜色块，结合蒙版和混合模式可以轻松地去除镜片的反光。

01 执行"文件 > 打开"命令，打开"Chapter3\3.1\3.1.4\3.1.4.2\ Media\ 墨镜 .jpg"图像文件。

02 单击钢笔工具，在人物面部勾勒眼镜形状，完成后按 Ctrl+Enter 组合键将路径转化为选区。

03 新建"图层 1"，单击渐变工具按钮，设置前景色为深紫色（R68、G40、B55），背景色为棕色（R149、G75、B66），在属性栏上选择"径向渐变"选项，然后在选区内绘制渐变，完成后按 Ctrl+D 组合键取消选区。

04 单击"添加图层蒙版"按钮，运用画笔工具，设置画笔不透明度为 20%，在添加的蒙版中适当涂抹，隐藏眼镜下方的部分图像。

05 按Ctrl键单击"图层1"前的缩览图,将图像载入选区。选择"背景"图层,按Ctrl+J组合键复制选区内图像,生成"图层2",并拖至最上层。

06 设置"图层2"的混合模式为"正片叠底","不透明度"为70%,图像效果发生改变,镜片反光颜色变淡,显得更加自然。

3. 修复曝光不足的照片

拍摄时曝光不足会使整个画面偏暗,也容易导致画面暗部区域的细节模糊。通过后期调整画面曝光量可以调亮画面,并增强画面层次感。

01 执行"文件>打开"命令,打开"Chapter3\3.1\3.1.4\3.1.4.2\Media\飞行员.jpg"图像文件。

02 单击"创建新的填充或调整图层"按钮 ◎.,在弹出的快捷菜单中选择"曝光度"命令,并设置各项参数,画面效果发生改变。

03 按Ctrl+Shift+Alt+E组合键盖印图层,生成"图层1"。设置"图层1"的混合模式为"滤色","不透明度"为30%,图像色调变得更亮。

04 单击"创建新的填充或调整图层"按钮 ◎.,在弹出的快捷菜单中选择"亮度/对比度"命令,并设置各项参数,画面效果发生改变,增强了亮度和对比度。

4. 修复曝光过度的照片

曝光过度容易使画面中亮部的细节丢失，恢复这些细节则非常困难。在这种情况下，通过后期调暗该区域颜色可以稍微恢复细节并调整整体画面色调，使曝光过度的照片变得更加清晰，同时丰富了画面细节效果。

01 执行"文件>打开"命令，打开"Chapter3\3.1\3.1.4\3.1.4.4\Media\长发 .jpg"图像文件。

02 复制"背景"图层，生成"图层 1"，设置"图层 1"的混合模式为"正片叠底"，图像变清晰。

03 按 Ctrl+Shift+Alt+E 组合键盖印图层，生成"图层 2"。设置"不透明度"为 50%。单击"添加图层蒙版"按钮 □，在添加的蒙版中适当涂抹，隐藏部分图像。

04 单击"创建新的填充或调整图层"按钮 ◎.，在弹出的快捷菜单中选择"亮度 / 对比度"命令，并设置各项参数，画面效果发生改变，增强了亮度和对比度。

3.2　调色

好的调色效果最重要的一个条件就是要与意象相符，如果不相符就无法产生协调美感。符合意象的调色第一步，就是从基本色开始。基本色又分主色和对抗色，只要能够正确选择出基本色，就能够表现出想要的意象来。主要的色相可以决定配色的一大半，它是基本色中所占面积最大的颜色，调出符合画面表达意境的颜色就从最基本的配色体系来看。

3.2.1　调色三阶段

调色三阶段即通过调整色相、纯度和明度三种色调，对图像进行色调调整的过程。色相、纯度和明度根据属性进行排列构成三维的色立体。所有的色彩都包含在色立体中，配色的时候好好利用色立体、掌握这3个阶段的调色方法和技巧、根据不同的画面需要进行色调搭配和调整，就可以很好地进行色彩设计了。

3.2.2 色彩三要素

色彩的三要素即色相、饱和度、明度。色彩可用色调（色相）、饱和度（纯度）和明度来描述。

人眼看到的任一彩色光都是这三个特性的综合效果，这三个特性即色彩的三要素。其中色调与光波的波长有直接关系，亮度和饱和度与光波的幅度有关。

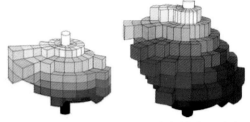

不同色彩的色彩三要素表现

1. 色相

把橘子从当中切开来看的时候，外圆周表现的是色相的变化。诸如红、蓝、黄之类的色彩变化称之为色相。色彩是由于物体上物理性的光反射到人眼视神经上所产生的感觉。色的不同是由光的波长的长短差别所决定的。作为色相，指的是这些不同波长的色的情况。波长最长的是红色，最短的是紫色。圆形可以帮助我们理解色相。最基本的颜色是被称为三原色的红、黄、蓝三色，在其间加入橙、绿、紫三色，就出现了一个被六等分的色相环。还可以继续在其间加入12色相、24色相，目前掌握这六色已经足够了。

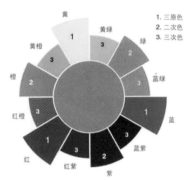

色相

2. 饱和度

将橘子纵向切开，其横轴表示色彩的鲜艳程度。从中心越向外颜色越鲜艳，越接近中心颜色越浑浊。色彩的鲜艳程度就是饱和度。在色相环上排列的色是纯度高的色，被称为纯色。这些色在环上的位置是根据视觉和感觉的相等间隔来进行安排的。用类似方法还可以再分出差别细微的多种色来。在色相环上，与环中心对称，并在180度位置两端的色称为互补色。

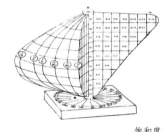

饱和度

3. 明度

将橘子竖着切开，纵轴代表色彩明度的变化。越向上色彩就越亮，顶点为白色。越向下色彩越暗，最底下是黑色。这种变化就是明度。计算明度的基准是灰度测试卡。黑色为0，白色为10，在0~10之间等间隔的排列为9个阶段。色彩可以分为有彩色和无彩色，但后者仍然存在着明度。作为有彩色，每种色各自的亮度、暗度在灰度测试卡上都具有相应的位置值。彩度高的色对明度有很大的影响，不太容易辨别。在明亮的地方鉴别色的明度比较容易，在暗的地方就较难。

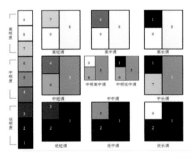

明度

3.2.3 常见颜色问题

常见的画面颜色问题主要有偏色、饱和度过高或过低、脏色等。这三种问题都可以通过调整图层轻松解决。

对于偏色现象，通过色彩平衡调整，可以快速校正画面颜色；饱和度过高或者过低，通过色相/饱和度或者自然饱和度，均可快速完成画面的饱和度调整；而脏色问题，通过曲线或色阶调整，可以快速提亮画面，去除画面的脏色。这些常见问题的解决方法多种多样，大家可以在后面的调色学习中掌握更多。

3.2.4　色彩冷暖

　　色彩的冷暖主要是指色彩结构在色相上呈现出来的总印象。当我们观察物象色彩时，通常把某些颜色称为冷色、某些颜色称为暖色，这是基于物理、生理、心理以及色彩自身的面貌。这些综合因素依赖于人和社会生活经验与联想而产生的感受，因此色彩的冷暖定位是一个假定性的概念，只有比较才能确定其色性。

　　色彩的冷暖涉及个人生理、心理以及固有经验等多方面因素的制约，是一个相对感性的问题。色彩的冷暖是互为依存的两个方面，相互联系、互为衬托，主要通过它们之间的互相映衬和对比体现出来。一般而言，暖色光使物体受光部分色彩变暖，背光部分则相对呈现冷光倾向。冷色光正好与其相反，也指颜色的冷暖属性。色彩的冷暖感觉是人们在长期生活实践中由于联想而形成的。红、橙、黄色常使人联想起东方旭日和燃烧的火焰，因此有温暖的感觉，所以称为"暖色"；蓝色常使人联想起高空的蓝天、阴影处的冰雪，因此有寒冷的感觉，所以称为"冷色"；绿、紫等色给人的感觉是不冷不暖，故称为"中性色"。色彩的冷暖是相对的。在同类色彩中，含暖意成分多的较暖，反之较冷。

冷暖对比图片

3.2.5　调色命令

　　Photoshop的调色命令有很多种，包括色彩平衡、色相/饱和度、色阶、亮度/对比度、照片滤镜、曝光度、黑白、可选颜色、通道混合器、反相、色调分离、阈值、颜色查找、渐变映射等。除了可用快捷键打开调色命令外，在图层面板下方单击"创建新的填充或调整图层"按钮，也可快速打开调整图层，并对图像进行调整。

3.2.6　饱和度控制

　　饱和度可定义为彩度除以明度，与彩度同样表征彩色偏离同亮度灰色的程度。饱和度是指色彩的鲜艳程度，也称色彩的纯度。饱和度取决于该色中含色成分和消色成分（灰色）的比例。含色成分越大，饱和度越高；消色成分越大，饱和度越低。

　　饱和度的控制通过"色相/饱和度"调整图层上的饱和度滑块即可快速降低和加强饱和度效果。也可以通过拖曳"自然饱和度"上的"自然饱和度"以及"饱和度"滑块，同样也是向左降低向右增强饱和度。

原图

色相/饱和度降低饱和度控制

自然饱和度增强饱和度控制

3.2.7　反差力度控制

　　画面的反差力度通常通过曲线命令进行控制。曲线不是滤镜，它是在忠于原图的基础上对图像做一些调整，而不像滤镜可以创造出无中生有的效果。在图像调整中，曲线可以调节全体或单独通道的对比；调节任意局部的亮度以调节颜色。曲线可以精确地调整图像，可以增强画面反差力度，赋予那些原本应当报废的图片以新的生命力。

原图

反差力度降低

反差力度增强

3.2.8 明暗对比

　　明暗对比是指画面中，最明亮与最阴暗色调区域之间的对比。由于两种颜色各自的亮度不同，产生的效果也不同。任何色彩都可以还原为明暗关系来思考。因此，明暗关系可以说是搭配色彩的基础，最适宜于表现封面的立体感、空间感、轻重感与层次感。在Photoshop中，明暗对比的控制通常是通过色阶来实现的。色阶是表示图像亮度强弱的指数标准，也就是我们说的色彩指数，在数字图像处理教程中指的是灰度分辨率。图像的色彩丰满度和精细度是由色阶决定的。色阶指亮度和颜色无关，但最亮的只有白色，最不亮的只有黑色。在Photoshop中可以在调整面板中使用色阶，或使用Ctrl+L组合键打开色阶对话框。色阶表现了一幅图的明暗关系。

原图

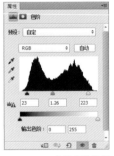

色阶参数设置

明暗对比增强

3.2.9 调色动作

　　动作面板是Photoshop的重要组成部分，里面自带了很多调色的动作，可以制作各种不同的调色效果。打开"窗口>动作"面板，选择调色动作的样式，单击"动作"面板下方的播放按钮即可。

原图

选择动作"四分颜色"

调色动作播放后效果

3.3 抠图

　　抠图是图片处理的基本功,是一种技能,也是一门艺术。商业修片中抠图是经常采用的图片修片与合成处理的操作方法。那么,什么是"抠图"?顾名思义,抠图就是从一幅图片中将某一部分截取出来,和另外的背景进行合成。我们生活中的很多图像制品都曾经经过这种加工,如广告等,需要设计人员将模特照片中的人像部分抠取出来,然后再和背景进行合成。事实上,抠图在我们的生活中也大有用武之地。尤其是随着数码相机、扫描仪等设备的普及,越来越多的人开始乐于对自己手中的照片进行各种各样的"特殊处理",譬如把自己的全身像抠取出来放到其他的背景中,把恋人的单人照片进行抠图后与自己的照片合成双人照等,都需要用到抠图。将图像中需要的部分从画面中精确地提取出来,就称为抠图或者去底。　下面我们将抠图去底的方法整理总结出来,其中有的是Photoshop中各种工具的利用,有的是传统工具的发挥,还有的是各种图像处理技巧的综合,希望能帮助大家尽量以最简洁的操作获取最好的抠图效果。

3.3.1 抠图工具

　　抠图所需用到的常见工具有魔棒工具、钢笔工具、多边形套索工具、磁性套索工具、魔术橡皮擦工具、背景橡皮擦工具、抽出工具等。

1. 魔棒工具

　　对于初学者来说,最原始简单的抠图方法就是用魔棒工具将背景中相近颜色的区域选出来进行删除,然后用橡皮擦工具仔细擦去背景中剩余的一些碎枝末叶。这种方法只能适用于图像和背景色色差明显,背景色单一,图像边界清晰的图像,对于发丝这些散乱的细节是无法抠除细致的。虽然它抠图效果并不理想,却是最方便快捷的操作方法。

01 执行"文件>打开"命令,打开"Chapter3\3.3\3.3.1\3.3.1.1\Media\水杯.jpg"图像文件。

02 单击魔棒工具按钮,在属性栏上设置各参数,按Shift键在画面中选取图像背景。

03 选取完成后双击背景图层,对图层解锁。按Delete键删除选区内图像,然后按Ctrl+D组合键取消选区。

知识提点：魔棒工具选区的添加和减去

使用魔棒工具选取图像时，按Shift键可以添加选区，按Alt键将自动从选区中减去再次选择的选区，操作时根据画面需要可任意添加或减去选区。

2. 钢笔工具

钢笔工具抠图是最精确最花工夫的方法，适用于图像边界复杂、对图像抠图精度要求较高的图像。钢笔工具是完全依靠手工创建锚点来进行抠图，缺点在于速度较慢。但由于其抠图的精细度较高，抠图像素丢失较少，也颇受设计者青睐。

01 执行"文件＞打开"命令，打开"Chapter3\3.3\3.3.1\3.3.1.2\Media\个性少女.jpg"图像文件。

02 单击钢笔工具按钮 ，在属性栏上设置各参数，然后在画面中沿着人物图像边缘绘制路径。

知识提点：钢笔绘制路径技巧

使用钢笔绘制路径时，单击即可创建路径锚点，按住左键拖曳可绘制平滑的路径。按住Alt键的同时单击锚点即可删除锚点的平滑手柄，从而更好地控制路径的自由绘制效果。

03 按 Ctrl+Enter 组合键，将路径转化为选区。完成后按 Ctrl+Shift+I 组合键反选选区。

04 双击背景图层，对图层解锁。按 Delete 键删除选区内图像，然后按 Ctrl+D 组合键取消选区。

知识提点：路径与选区的转化

按Ctrl+Enter组合键，可以将路径直接转化为选区；而选区转化为路径，也只需在路径面板上单击"将路径转化为选区"按钮即可。

3. 多边形套索工具

　　多边形套索工具最常用的方法是勾勒出图像中主体部分的轮廓，将得到的选区反选后删去背景。这种方法适合一些边缘轮廓较为直线条的图像，勾勒时要注意细节。

01 执行"文件 > 打开"命令，打开"Chapter3\3.3\3.3.1\3.3.1.3\Media\ 书签 .jpg"图像文件。

02 单击多边形套索工具按钮，在属性栏上设置各参数，然后在画面中沿着桌面淡粉色图像边缘创建选区。

03 按 Shift 键，运用多边形套索工具，在画面中选取左上角的粉色桌面图像背景。

04 双击背景图层，对图层解锁。按 Delete 键删除选区内图像，然后按 Ctrl+D 组合键取消选区。

4. 磁性套索工具

　　当需要处理的图像与背景有颜色上的明显反差时，磁性套索工具非常好用。反差越明显，磁性套索工具抠取图像就越精确。

01 执行"文件 > 打开"命令，打开"Chapter3\3.3\3.3.1\3.3.1.4\Media\ 蜡笔 .jpg"图像文件。

02 单击磁性套索工具按钮，在属性栏上设置各参数，然后在画面中沿着绿色桌面边缘勾勒选区。

知识提点：磁性套索工具选区的添加和减去

使用磁性套索工具选取图像时，和魔棒工具一样，按Shift键在画面中可以添加选区，按Alt键将自动从选区中减去再次创建的选区，操作时根据画面需要可任意添加或减去选区。

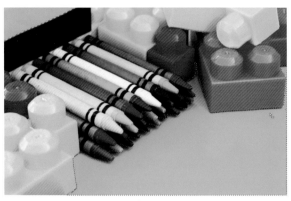

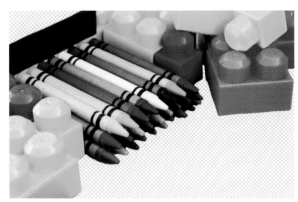

03 按 Shift 键运用多边形套索工具 ☑ 在画面中选取左上角的粉色桌面图像背景。

04 双击背景图层，对图层解锁。按 Delete 键删除选区内图像，然后按 Ctrl+D 组合键取消选区。

5. 魔术橡皮擦工具

魔术橡皮擦工具集中了橡皮擦和魔术棒工具的特点。选中魔术橡皮擦工具后，在图像中点击鼠标，图像中与这一点颜色相近的区域将会被擦去。特别是对背景比较单一的图像，用魔术橡皮擦抠取图像是相当不错的选择。

01 执行"文件>打开"命令，打开"Chapter3\3.3\3.3.1\3.3.1.5\Media\ 小狗 .jpg"图像文件。

02 单击魔术橡皮擦工具按钮 ☑，在属性栏上设置"容差"为 20%，在小狗图像背景处单击，自动擦除背景图像。

03 单击魔术橡皮擦工具按钮 ☑，继续在小狗图像背景处连续单击，擦除更多背景图像。

04 单击橡皮擦工具按钮 ☑，在画面背景处继续涂抹，擦除多余的细碎杂点。

6. 背景橡皮擦工具

当你的图像前景与需要被擦去的背景存在颜色上的明显差异时，可以使用背景橡皮擦在边缘上擦除，进行图像的抠取。

01 执行"文件>打开"命令，打开"Chapter3\3.3\3.3.1\3.3.1.6\Media\城堡 .jpg"图像文件。

02 单击背景橡皮擦工具按钮，在属性栏上设置"容差"为 20%，在城堡与天空交接处连续单击，自动擦除部分背景。

知识提点：背景橡皮擦工具操作技巧

使用背景橡皮擦工具擦除图像时，可以先在需要擦除的图像背景与前景主体的边缘单击，自动擦除边界线鲜明的背景图像，在边缘擦除区分出前景与背景后，可结合多边形套索工具直接选取背景进行删除或者结合橡皮擦工具直接擦除背景像素。

03 单击多边形套索工具按钮，沿着背景与前景擦除的透明区域创建选区，选取背景多余图像。

04 按 Delete 键删除选区内图像，然后按 Ctrl+D 组合键取消选区。

3.3.2 抠图类型

综上所述，Photoshop抠图的类型按照方法可分为橡皮擦抠图、魔棒抠图、路径抠图、蒙版抠图、通道抠图、抽出滤镜抠图等。在实际的图片抠取操作中，根据画面的颜色、布局、精细要求的不同选择适当的抠取方法，多种方法配合使用往往效果更佳，抠图的速度也会更快。

1. 橡皮擦抠图

橡皮擦抠图就是用橡皮擦工具擦掉不用的部分，留下有用的部分。橡皮擦工具组包括了橡皮擦工具、背景橡皮擦工具、魔术橡皮擦工具三种。这种抠图方法属于外形抠图的方法，简单好用，但处理的效果往往不佳，可用于相对简单的图形抠图。橡皮擦工具主要运用在使用其他方法抠图效果时进行进一步处理。

01 执行"文件＞打开"命令，打开"Chapter3\3.3\3.3.2\3.3.2.1\Media\美女.jpg"图像文件。

02 单击背景橡皮擦工具按钮，在属性栏上设置"容差"为12%，在美女与背景交接处单击，自动擦除部分背景。

03 单击魔术橡皮擦工具按钮，在属性栏上设置"容差"为20%，在人物图像背景像素上单击，自动擦除背景图像。

04 单击橡皮擦工具按钮，在背景图像的杂色上涂抹，彻底擦除残余像素图像。

05 执行"文件＞打开"命令，打开"Chapter3\3.3\3.3.2\3.3.2.1\Media\蜜蜂.jpg"图像文件。单击移动工具按钮，将图像拖入画面，生成"图层1"，并置于最下层。

06 单击"创建新的填充或调整图层"按钮，在弹出的快捷菜单中选择"色相/饱和度"命令，并设置各项参数，画面效果发生改变。

2. 魔棒抠图

魔棒抠图就是使用魔棒工具单击画面选取不需要的部分，或者单击选取需要的部分再进行反选，删除或蒙版隐藏后留下有用的部分。这种方法属于颜色抠图的范畴，操作简便，但不易达到预期效果，只能用于图片色差较大时的抠图或作为其他抠图方法的辅助方法。魔棒工具组分为快速选择工具和魔棒工具两种。

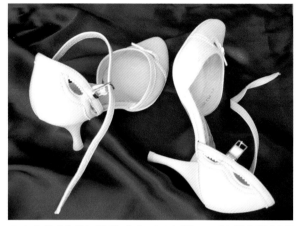

01 执行"文件 > 打开"命令，打开"Chapter3\3.3\3.3.2\3.3.2.2\Media\ 高跟 .jpg"图像文件。

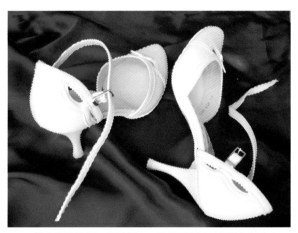

02 单击快速选择工具按钮，根据画面随时调整画笔大小，按 Shift 键在画面中连续单击选中高跟鞋图像。

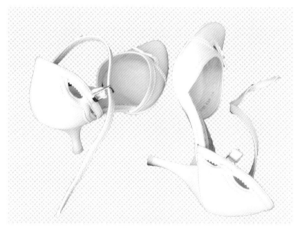

03 按 Ctrl+Shift+I 组合键反选选区。双击背景图层，对图层解锁。按 Delete 键删除选区内图像，然后按 Ctrl+D 组合键取消选区。

04 执行"文件 > 打开"命令，打开"Chapter3\3.3\3.3.2\3.3.2.2\Media\ 玫瑰 .jpg"图像文件。单击移动工具按钮，将图像拖入画面，生成"图层 1"，并置于最下层。

05 双击"图层 0"，在弹出的图层样式对话框中勾选"投影"，并在投影选项中设置各项参数，注意投影的方向和大小，完成后单击"确定"按钮，高跟鞋图像更具立体感。

3. 路径抠图

　　路径抠图就是用钢笔工具把图片要用的部分勾选出来，然后将路径作为选区载入，再进行反选，从图层中删除多余图像。这种方法属于外形抠图，可用于外形比较复杂、色差不大的图片抠图。

01 执行"文件＞打开"命令，打开"Chapter3\3.3\3.3.2\3.3.2.3\Media\女郎.jpg"图像文件。

02 单击钢笔工具按钮，在属性栏上设置各项参数，然后在画面中沿着人物图像边缘绘制路径。

03 按Ctrl+Enter组合键，将路径转化为选区。完成后按Ctrl+Shift+I组合键反选选区。

04 双击背景图层，对图层解锁。按Delete键删除选区内图像，然后按Ctrl+D组合键取消选区。

05 执行"文件＞打开"命令，打开"Chapter3\3.3\3.3.2\3.3.2.3\Media\夜景.jpg"图像文件。单击移动工具按钮，将图像拖入画面，生成"图层1"，并置于最下层。

4. 蒙版抠图

　　蒙版抠图是综合性的抠图方法，既利用了图中对象的外形也利用了它的颜色。先用魔术棒工具单击选择对象，再用添加图形蒙版把对象选出来。其关键环节是用白、黑两色画笔反复删减、添加蒙版区域，从而把对象外形完整精细地抠取出来。

01 执行"文件＞打开"命令，打开"Chapter3\3.3\3.3.2\3.3.2.4\Media\女郎.jpg"图像文件。

02 单击"添加图层蒙版"按钮 ，设置前景色为黑色，运用画笔工具 在添加的蒙版中适当涂抹，隐藏人物背景的部分图像。

03 继续在蒙版内涂抹黑色，隐藏更多的人物背景图像。对于一些涂抹超出而需要恢复的图像，在蒙版内涂抹白色恢复即可。双击背景图层，对图层进行解锁。

04 执行"文件＞打开"命令，打开"Chapter3\3.3\3.3.2\3.3.2.4\Media\云层.jpg"图像文件。单击移动工具按钮 ，将图像拖入画面，生成"图层1"，并置于最下层。

05 单击"创建新的填充或调整图层"按钮 ，在弹出的快捷菜单中选择"曲线"命令，适当拖曳曲线线条，画面效果发生改变。

5. 通道抠图

通道抠图属于颜色抠图方法，利用了对象的颜色在红、黄、蓝三通道中对比度平同的特点，从而在对比度大的通道中对对象进行处理。先选取对比度大的通道，再复制该通道，在其中通过进一步增大对比度，再用魔术棒工具把对象选出来。可适用于色差不大，而外形又很复杂的图像的抠图，如头发、树枝、烟花等。

01 执行"文件 > 打开"命令，打开"Chapter3\3.3\3.3.2\3.3.2.5\Media\金发.jpg"图像文件。

02 打开通道面板，选择颜色对比最强的"红"通道，拖至下方的新建图标上，复制生成"红副本"。

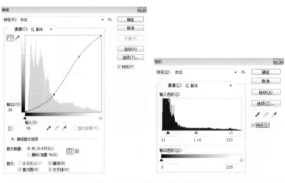

03 按 Ctrl+M 组合键，在打开的曲线对话框中拖曳曲线设置参数，完成后单击"确定"按钮。再次按 Ctrl+L 组合键，在打开的色阶对话框中拖曳滑块，设置色阶参数，完成后单击"确定"按钮，图像的色彩对比度加深。

04 单击魔棒工具按钮，在属性栏上设置各参数，按 Shift 键在画面中选取图像背景。完成后按 Ctrl+Shift+I 组合键反选选区。

05 打开图层面板，双击背景图层，对图层解锁。单击"添加图层蒙版"按钮，自动添加蒙版，隐藏选区外背景图像。放大图像，可以看到抠取的人物细节像素缺失较多。

06 单击画笔工具按钮✐，在属性栏上设置各参数，根据画面需要设置前景色为白色或黑色对图像进行涂抹，适当地还原图像像素及隐藏图像像素。

07 执行"文件＞打开"命令，打开"Chapter3\3.3\3.3.2\3.3.2.5\Media\场景.jpg"图像文件。单击移动工具按钮✛，将图像拖入画面，生成"图层1"，并置于最下层。

6. 抽出滤镜抠图

在Photoshop CS6中，抽出滤镜需要下载并进行安装。抽出滤镜是PS里的一个滤镜，其作用是抠图。它是Photoshop的御用抠图工具，功能强大，使用灵活，操作方法简单易用，容易掌握。如果使用得好抽出的效果非常好，抽出滤镜既可以抠出繁杂背景中的散乱发丝，也可以抠透明物体和婚纱。

01 执行"文件＞打开"命令，打开"Chapter3\3.3\3.3.2\3.3.2.6\Media\长发.jpg"图像文件。复制背景图层，生成"图层1"，隐藏背景图层。

02 执行"滤镜＞抽出"命令，单击面板左侧的"边缘高光器工具"按钮✐，然后在画面中人物边缘与背景交界绘制绿色的边缘线条。

03 边缘线条勾勒完成后，单击面板左侧的填充工具按钮◆，然后在线条闭合区域单击进行填充。

04 填充完成后单击"确定"按钮，图像背景显示为透明态。

知识提点：抽出滤镜抠图技巧

抽出滤镜填充完成后单击"预览"，不要单击"确定"按钮，在预览状态下还可以对细节进行修改，修改好后再单击"确定"即可完成。抠图完成后难免会带有一些边缘的杂色，这时可把图放大，用橡皮擦或蒙版清除掉这些边缘的杂色。

05 单击魔棒工具按钮，按Shift键在画面中选取图像背景。完成后按Ctrl+Shift+I组合键反选选区。

06 隐藏"图层1"，选择背景图层，单击"添加图层蒙版"按钮，自动添加蒙版，隐藏选区外背景图像。单击画笔工具按钮，在蒙版内分别运用白色或黑色对图像进行涂抹，适当地还原图像像素及隐藏图像像素。

知识提点：抽出滤镜原理

抽出滤镜的原理其实很简单，就是将你要抠出的部分用滤镜自带的"边缘高光器工具"，沿着需要抠取的图像边缘进行描绘，事实上它和画笔工具很类似，然后将描绘的区域运用"填充工具"进行填充，图像的抠取任务便轻松完成了。当然有很多细节还需要处理，结合其他抠图工具便可以轻松完成。

07 执行"文件 > 打开"命令，打开"Chapter3\3.3\3.3.2\3.3.2.5\Media\ 场景 .jpg"图像文件。单击移动工具按钮，将图像拖入画面，生成"图层2"，并置于最下层。

08 在"图层0"上单击"创建新的填充或调整图层"按钮，在弹出的快捷菜单中选择"曲线"命令，适当拖曳曲线线条，画面效果发生改变。

知识提点：抽出滤镜知识点

抠取图片的单色抽出滤镜抠图，分为单色抠取和全色抠取两种，当需要强调抠取某一种颜色时，如发丝、羽毛、透明的纱等，就要用到抽出滤镜里的强制前景这一项，需要抠取哪一部分颜色，就把强制前景设置为该种颜色，颜色的设置可用吸管工具来提取。在抠取图片的全色时，不要在强制前景处打钩，用高光器工具沿边缘描绿色，笔触要适当，小一点会更精确，用填充工具把中间填充为蓝色。

3.3.3 抠图常见问题

抠图是一个比较花费时间的操作过程，稍微有点复杂的图像，运用一个抠图工具往往不能完整地抠取出图像。在抠图的过程中，需要根据不同的画面效果，采用不同的抠图方法，达到快速准确精细地抠图。初学者往往因此觉得抠图是一项很繁杂的工程，在进行抠图时会遇到很多比较麻烦的问题。下面我们就来讲讲抠图常见的问题，以及解决的方法。

1. 选区生硬的问题

在抠图的过程中，如果不是直接运用橡皮擦组或者蒙版涂抹直接进行操作，都会运用到选区对图像的勾选。无论是运用魔棒工具组、套索工具组还是钢笔工具进行路径转化，最终的选区进行抠图操作后，都有可能造成选区太过清晰而产生的锯齿以及边缘生硬不自然的状况，尤其是一些边缘本身杂色比较多的图像。此时我们需要的是柔化边缘，将其与背景图像更好地进行融合，使抠取出来的图像不会显得太过死板。羽化命令是完善这种情况的最好方法。在选区进行选定的时候，就可以直接运用羽化命令进行柔化，使其与整体画面更好地贴合、融入自然。

01 执行"文件 > 打开"命令，打开"Chapter3\3.3\3.3.3\3.3.3.1\Media\猫咪.jpg"图像文件。

02 打开通道面板，选择颜色对比最强的"蓝"通道，拖至下方的新建图标上，复制生成"蓝副本"

03 按 Ctrl+M 组合键，在打开的曲线对话框中拖曳曲线设置参数，完成后单击"确定"按钮，加深"蓝通道"的颜色对比。

04 单击魔棒工具按钮，按 Shift 键在画面中选取图像背景。完成后按 Ctrl+Shift+I 组合键反选选区。

05 执行"选择 > 修改 > 羽化"命令，在打开的羽化对话框中设置"羽化半径"为 10，单击"确定"按钮，选区出现羽化效果。完成后单击"添加图层蒙版"按钮，自动添加蒙版，隐藏选区外背景图像。

06 执行"文件 > 打开"命令，打开"Chapter3\3.3\3.3.3\3.3.3.1\Media\远山.jpg"图像文件。单击移动工具按钮，将图像拖入画面，生成"图层1"，并置于最下层。

2. 抠图不能复原的问题

很多初学者在抠图时，往往习惯直接单击 Delete 键对图像进行删除处理或者直接用橡皮擦工具在图像上擦除。而局部图像被去除操作后，所造成的图像像素的缺失都将不可弥补。因此在抠图操作中，最好的方法是建立图层蒙版。图层蒙版是一种遮盖工具，它可以分离和保护图像的局部区域，当用蒙版选择了图像的一部分时，没有被选择的区域就处于被保护状态。

知识提点：羽化半径设置

羽化半径数值越大，柔化效果越明显；反之，羽化半径数值越小，柔化效果越不明显。

01 执行"文件 > 打开"命令，打开
"Chapter3\3.3\3.3.3\3.3.3.2\Media\小
雏菊 .jpg"图像文件。

02 结合魔棒工具和多边形套索工具，在画面中创建选区，选中花瓶。

知识提点：蒙版内涂抹技巧

　　蒙版内对图像进行遮盖或者恢复时，实际上画笔工具的笔刷设置完全可以应用展现出来。恢复清晰或者模糊的图像边缘，完全由画笔工具的设置来决定，同时画笔工具的不透明度，在蒙版内描绘时会产生相同的作用。

03 单击"添加图层蒙版"按钮，自动添加蒙版，隐藏选区外背景图像。

04 按 Ctrl+Shift+I 组合键反选选区。单击"添加图层蒙版"按钮，自动添加蒙版，隐藏选区外背景图像。

05 执行"文件 > 打开"命令，打开
"Chapter3\3.3\3.3.3\3.3.3.1\Media\天空 .jpg"图像文件。单击移动工具按钮，将图像拖入画面，生成"图层 2"，并置于最下层。

3.3.4　抠图技巧

　　抠图的工具和类型乃至常见的问题，我们前面都已经讲了不少，现在要讲的是抠图的一些技巧。在进行抠图的过程中，不同的画面选择什么样的工具、如何能够快速准确地完成抠图，都是在日积月累的制作中总结出来的。下面我们就讲讲不同的抠图运用哪些抠图技巧。

1. 色差大的抠图技巧

　　对于色差大的图像，可以结合魔棒工具和多边形套索工具对图像进行选取。魔棒工具是较为传统的选取工具，但是它并不能完整地选择你所需要的图像范围，这时通过多边形套索工具的结合可以快速选出图像。

01 执行"文件 > 打开"命令，打开
"Chapter3\3.3\3.3.4\3.3.4.1\
Media\郁金香 .jpg"图像文件。

02 单击魔棒工具按钮，按 Shift 键在画面中连续单击，选中白色信签。

03 单击多边形套索工具按钮，按 Shift 键在画面中选取信签边缘漏选的图像，选中白色信签。

04 单击"添加图层蒙版"按钮回，自动添加蒙版，隐藏选区外背景图像。

05 执行"文件＞打开"命令，打开"Chapter3\3.3\3.3.3\3.3.3.1\Media\飘逸.jpg"图像文件。单击移动工具按钮，将图像拖入画面，生成"图层1"，并置于最下层。

06 单击"创建新的填充或调整图层"按钮，在弹出的快捷菜单中选择"曲线"命令，适当拖曳曲线线条，人物色调对比增强。

2. 色差相近的抠图技巧

对于色差相近的图像，通常采用的是完全手工式的钢笔工具抠图法。通过钢笔工具细致地勾勒图像路径，并转化为选区，去除多余图像。这种方法需要耐心和细心，虽然比较花时间，但是胜在够精细。

01 执行"文件＞打开"命令，打开"Chapter3\3.3\3.3.4\3.3.4.2\Media\古堡.jpg"图像文件。

02 单击钢笔工具按钮，在属性栏上设置各参数，然后在画面中沿着人物图像边缘绘制路径。

03 按Ctrl+Enter组合键，将路径转化为选区。完成后按Ctrl+Shift+I组合键反选选区。

04 单击"添加图层蒙版"按钮回，自动添加蒙版，隐藏选区外背景图像。

05 执行"文件＞打开"命令，打开"Chapter3\3.3\3.3.4\3.3.4.2\Media\蓝色.jpg"图像文件。单击移动工具按钮，将图像拖入画面，生成"图层1"，并置于最下层。

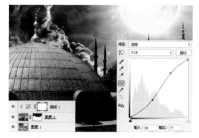

06 在"图层0"上方单击"创建新的填充或调整图层"按钮，在弹出的快捷菜单中选择"曲线"命令，适当拖曳曲线线条，完成后创建剪贴蒙版。

3. 发丝抠图技巧

发丝抠图一直以来都是抠图的难题，细小杂乱的发丝并不是那么容易进行选择的。抠图时，可以先运用"色彩范围"命令创建同一色彩范围的图像选区，通常是对背景进行选择，完成后在蒙版内对发丝进行涂抹，结合画笔工具快速在蒙版内抹去不需要的图像。

01 执行"文件 > 打开"命令，打开"Chapter3\3.3\3.3.4\3.3.4.3\Media\发丝 .jpg"图像文件。

02 执行"选择 > 色彩范围"命令，运用取样颜色吸管在背景处单击，完成后单击"确定"按钮，创建选区。

03 按 Ctrl+Shift+I 组合键反选选区。单击"添加图层蒙版"按钮，自动添加蒙版，隐藏选区外背景图像。

04 单击画笔工具按钮，设置前景色为黑色，在属性栏上选择画笔为"硬边圆不透明度"，然后在画面中沿着人物图像边缘涂抹，抹去多余背景。

05 执行"文件 > 打开"命令，打开"Chapter3\3.3\3.3.4\3.3.4.3\Media\闪亮 .jpg"图像文件。单击移动工具按钮，将图像拖入画面，生成"图层 1"，并置于最下层。

4. 婚纱抠图技巧

婚纱抠图通常采用的是抽出滤镜抠图法，它可以强制抠取某种颜色，操作起来比其他传统抠图工具更快速准确。抠图完成后再配合画笔工具☑在蒙版内进行恢复或隐藏。

01 执行"文件>打开"命令，打开"Chapter3\3.3\3.3.4\3.3.4.4\Media\婚纱.jpg"图像文件。复制背景图层，生成"图层1"，隐藏背景图层。

02 执行"滤镜>抽出"命令，单击面板左侧的边缘高光器工具按钮☑，然后在画面中人物边缘与背景交界绘制绿色的边缘线条。

知识提点：混合模式的运用

在商业合成中，运用混合模式可以制作出不一样的视觉特效，是合成特效必不可少的操作方法。

03 边缘线条勾勒完成后，单击面板左侧的填充工具按钮☑，然后在线条闭合区域单击进行填充。

04 填充完成后单击"确定"按钮，图像背景为透明状态。

05 新建"图层2"，置于"图层1"的下层，填充为绿色。显示并复制背景图层，生成"图层3"，将其置于画面最上方。执行"滤镜>抽出"命令，勾选面板右侧的"强制前景"按钮，在面板左侧单击吸管工具按钮☑，单击画面人物头发区域，颜色设置为头发的深灰，单击面板左侧的"边缘高光器工具"按钮☑，然后在画面中人物边缘与背景交界绘制绿色的边缘线条，完成后单击"确定"按钮，人物的发丝被强制抠取出来。

06 放大图像后，可以看到人物面部像素缺失严重。按 Ctrl 键单击"图层 1"前的缩览图，将图像载入选区。删除"图层 2"、"图层 1"，单击"添加图层蒙版"按钮■，自动添加蒙版，隐藏选区外背景图像。在蒙版内适当涂抹白色，恢复图像缺失部分。

07 执行"文件 > 打开"命令，打开"Chapter3\3.3\3.3.4\3.3.4.3\ Media\ 闪亮 .jpg"图像文件。单击移动工具按钮，将图像拖入画面，生成"图层 1"，并置于最下层。

3.4 商业合成

Photoshop的合成功能在商业照片图像处理中占有重要地位，制作广告、海报、插画、壁纸等商业照片作品都将运用到合成的功能。合成并不是简单的拼凑，它需要运用各种素材，通过组织、处理、修饰、融合得到新的设计作品，从而达到化腐朽为神奇或锦上添花的效果，因此需要较高的艺术修养和Photoshop操作能力。商业合成是商业照片制作的必修课程。一张完美的商业合成图片，并不是简单地抠取图像，然后合并在一起，就能做出极佳的特效。它往往还涉及很多特效制作来创建合并的氛围，制作时根据画面需要拼合素材，并适当地添加一些特效元素，使图像合成更加完美融合。

3.4.1 蒙版应用

蒙版是图像处理中制作图像特殊效果的重要技术，有着非常强大的功能。在蒙版的作用下，Photoshop的各项调整功能才真正发挥到极致，得到更多绚丽多姿的图像效果。蒙版实际上是一个特殊的选择区域。从某种程度上讲，它是Photoshop中最准确的选择工具，可以自由、精确地选择形状、色彩区域。

蒙版也是一种遮盖工具，它可以分离和保护图像的局部区域。当用蒙版选择了图像的一部分时，没有被选择的区域就处于被保护状态，这时再对选取区域运用颜色变化、滤镜和其他效果，蒙版就能隔离和保护图像的其余区域，同时还能将颜色或滤镜效果逐渐运用到图像上。

Photoshop中的四种蒙版：图层蒙版、剪贴蒙版、矢量蒙版和快速蒙版，每类蒙版都有其独特的作用。

◆图层蒙版

图层蒙版在不损伤图像的基础上，提供了针对局部区域的调整方式。图层蒙版最大的优点就是显示或隐藏图像时，进行的是无破坏性的操作，不会影响图层中的像素。

原图　　　　　　　　添加图层蒙版后

◆剪贴蒙版

剪贴蒙版是由两个或两个以上的图层所构成，下方的图层被称作基屋，用于控制其上方的图层显示区域，上方一般被称作内容图层。在一个剪贴蒙版中，基层图层只能有一个，内容图层可以有若干个。

原图　　　　　　　添加调整图层剪贴蒙版后

◆矢量蒙版

矢量蒙版是依靠路径图形来定论图层中图像的显示区域的，是由钢笔或形状工具创建的。在为某个图层添加矢量蒙版后，还可再为该图层添加矢量蒙版。矢量蒙版将矢量形状调整与图层紧密结合起来，达到裁剪或规范图像的效果。它通过与路径相关的工具和命令进行编辑。

原图　　　　　　　添加矢量蒙版后

◆快速蒙版

快速蒙版虽然也称为蒙版，但与其他的三个作用并不完全相同。前面介绍的蒙版都是为了遮挡或显示图像，而快速蒙版是对选区进行精细的修改。快速蒙版提供了精确选取的可能。进行快速蒙版后，在蒙版内涂抹，完成后退出快速蒙版状态，涂抹的位置自动转化为选区状态。

原图　　　　　　进入快速蒙版涂抹　　　　　退出快速蒙版后

3.4.2　商业合成技巧

商业照片的合成遵循一个商业化的原则，在合成图像的时候必须目的明确，做到胸有成竹，对自己想要的合成效果以及商业宣传的目的有清楚的认识，并在合成时根据自己的需要进行素材的选取。当然，合成的过程不可能一帆风顺，尤其是素材的选取，因此需要不断地尝试以求达到更好的商业合成图效。素材的拼合完成后，就是后期的修片了。根据画面进行创作，可以制作出漂亮的光影和色调，或者更完美的特效质感。

01　执行"文件>打开"命令，打开"Chapter3\3.4\3.4.2\Media\人物.jpg"图像文件。复制背景图层，生成"图层1"，隐藏背景图层。

02　执行"图像>画布大小"命令，设置"画布大小"宽度为15厘米，定位在最左端，完成后单击"确定"按钮。

03 执行"滤镜>抽出"命令，单击面板左侧的"边缘高光器工具"按钮，然后在画面中人物边缘与背景交界绘制绿色的边缘线条。边缘线条勾勒完成后，单击面板左侧的填充工具按钮，然后在线条闭合区域单击进行填充。

04 填充完成后单击"确定"按钮，图像背景为透明状态。放大图像后，可以看到人物像素有缺失。

05 新建"图层2"，填充为暗红色，置于图像的最下层。按Ctrl键单击"图层1"前的缩览图，将图像载入选区。删除"图层1"，单击"添加图层蒙版"按钮，自动将选区载入蒙版。然后在蒙版内适当涂抹白色，恢复图像缺失部分。

06 执行"文件>打开"命令，打开"Chapter3\3.4\3.4.2\Media\背景1.jpg"图像文件。将其拖至"图层2"的上层，生成"图层3"，适当调整其大小和位置。

07 设置"图层3"的混合模式为"叠加"，图像效果发生改变，背景色调变暗。

08 执行"文件>打开"命令，打开"Chapter3\3.4\3.4.2\Media\背景2.jpg"图像文件。将其拖至"图层3"的上层，生成"图层4"，适当调整其大小和位置。

09 设置"图层4"的混合模式为"叠加"，图像效果发生改变，背景图像与下层相贴合。

10 单击画笔工具按钮，设置前景色为蓝色，笔刷为柔角画笔，"不透明度"为50%，新建"图层5"，在画面四周绘制阴影。

11 设置"图层5"的混合模式为"叠加"，图像效果发生改变，颜色自然变暗。

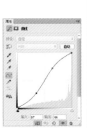

12 单击画笔工具按钮，设置前景色为白色，笔刷为柔角画笔，"不透明度"为50%，新建"图层6"，在画面右侧绘制高光。

13 设置"图层6"的混合模式为"叠加"，图像效果发生改变，右侧图像变亮。

14 选择"图层0"，单击"创建新的填充或调整图层"按钮，应用"曲线"命令，适当拖曳曲线线条，完成后创建剪贴蒙版。

15 按 Shift 键选中 "图层 0" 和曲线调整图层，按 Ctrl+E 组合键合并图层，生成 "曲线 1 副本"。单击椭圆选框工具，框选人物手中宝珠，完成后单击 "添加图层蒙版" 按钮，自动将选区载入蒙版。完成后隐藏 "图层 0"，在蒙版内涂抹黑色去除手指。

16 显示 "图层 0"，选择 "曲线 1 副本"，单击 "创建新的填充或调整图层" 按钮，应用 "曲线" 命令，适当拖曳曲线线条，完成后创建剪贴蒙版。

17 新建 "组 1"，执行 "文件>打开" 命令，打开 "Chapter3\3.4\3.4.2\Media\烟雾黑 .png" 图像文件。将其拖至组内，生成 "图层 7"，适当调整其大小和位置。

18 执行 "文件 > 打开" 命令，打开 "Chapter3\3.4\3.4.2\Media\烟雾灰 .png" 图像文件。将其拖至组内，生成 "图层 8"，适当调整其大小和位置。

19 执行 "文件 > 打开" 命令，打开 "Chapter3\3.4\3.4.2\Media\烟雾亮 .png" 图像文件。将其拖至组内，生成 "图层 9"，适当调整其大小和位置。

20 单击横排文字工具按钮，在打开的字符面板上设置各项参数，分别录入两排不同字体的文字，以增强画面商业气息。

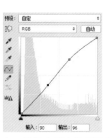

21 单击"创建新的填充或调整图层"按钮 ○.，在弹出的快捷菜单中选择"曲线"命令，并拖曳线条调整图像，图像整体变亮。

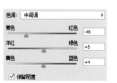

22 单击"创建新的填充或调整图层"按钮 ○.，在弹出的快捷菜单中选择"色彩平衡"命令，并拖曳线条调整图像。至此，本案例制作完成。

第 4 章 专业照片修复

Photoshop 具有强大的图像修饰功能,可以快速修复一张破损的老照片,也可以修复人脸上的斑点抑或是一个不尽如人意的脸型和身材,将摄影中不完美的因素在图像修片过程中都完美地解决了。多数人对于 Photoshop 的了解仅限于"一个很好的图像编辑软件",并不知道它的诸多应用方面。实际上,Photoshop 的应用领域很广泛,在图像、图形、文字、视频、出版各方面都有涉及。专业的照片修复,也是 Photoshop 商业修片的一大亮点。本章就为大家一一阐述专业照片修复的基础技能。

4.1　修复技巧

　　商业修片中，Photoshop的修复功能极其强大，对于一些老旧的照片修复或者图像的抠图合成操作很适用。商业修片的图像修复技巧多种多样，包括了修复工具、修复命令以及修复滤镜三种修复方法。一个好的设计师往往能根据画面快速选择出最适合的修复方式，同时其修复的图像效果也是极其考验设计者的PS操作技能的。照片的修复是一件慢活，需要很有细心和耐心进行细致的修复。下面我们就讲讲Photoshop的图像修复技巧。

4.1.1　修复工具

　　Photoshop中修复工具分为两类：一类是修复画笔工具，另一类是修补工具。下面我们就来讲讲这两种工具的应用。

1. 修复画笔工具

　　修复画笔工具不仅能从图片区域复制内容来替换要修复的区域，还能在复制取样区域的同时智能地保留目标区域的形状、光照、纹理、明暗等属性。它的取样点可以随时调整，需要选择与被修复的区域相近的图像区域。

01　执行"文件 > 打开"命令，打开"Chapter4\4.1\4.1.1\4.1.1.1\Media\笔 .jpg"图像文件。

02　单击修复画笔工具按钮，按 Alt 键在画面下方单击，然后松开将画笔移至需要涂抹的区域。

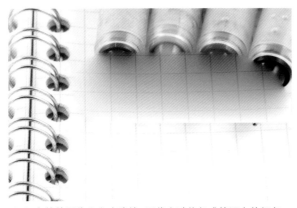

03　在笔的图像上向右涂抹，图像自动修复成笔记本的颜色。复制时尽量注意格子间对齐。

04　继续在笔的图像上涂抹，直到完成覆盖了笔的图像，涂抹时注意保持画面干净。

知识提点：修复画笔工具操作技巧

　　如果参照区域和修复区色差太大就会出现生硬的斑块，这时就需要模糊工具来配合，用它在斑块的边缘按情况涂抹，直至斑块变得柔和协调。

2. 修补工具

修补工具 在图片的背景色彩或图案比较一致的情况下使用会比较方便。修改有明显裂痕的图像，选中后往旁边拉。它可以用其他区域或图案中的像素来修复选中的区域。和修复画笔工具一样，修补工具会将样本像素的纹理、光照和阴影与源像素进行匹配。有两种修补方式，一种使用"源"进行修补，另一种就是用"目标"来进行修补，在其工具选项栏中就可以找到这个选项。

01 执行"文件＞打开"命令，打开"Chapter4\4.1\4.1.1\4.1.1.2\Media\玻璃杯.jpg"图像文件。

02 单击修补工具按钮 ，在画面中勾选需要修补去除的图像范围。

03 向右拖移选区至所需要的图像范围，然后松开鼠标左键，图像自动进行修补，选区效果依然保持。

04 继续向右拖曳选区至右侧的光洁背景，拖移时注意水平线的重合，然后松开鼠标左键，图像自动进行修补。

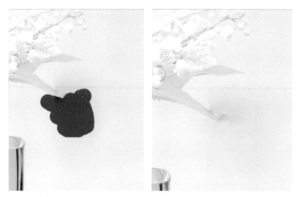

05 放大图像，可以看到画面仍然有污点。单击污点修复画笔工具按钮 ，在污点处涂抹，图像与背景相贴近。

06 继续使用相同的方法，清理画面的细节，完成画面整洁的效果。

知识提点：污点修复画笔工具操作技巧

利用污点修复画笔工具可以快速移去照片中的污点和其他不理想部分。在使用污点修复画笔工具时，不需要定义原点，只需要确定需要修复的图像位置，调整好画笔大小，移动光标在需要修复的图像位置上涂抹，就会在确定需要修复的位置自动匹配。所以比较实用，而且在操作时也简单。大多时候用于细小污点的修复。

4.1.2 修复命令

修复命令的种类很多，能快速对图像进行各种调整，制作出更丰富的画面色调和质感。根据不同的画面要求选择需要的修复命令，达到最佳的图像修复效果。

1. 匹配颜色命令

匹配颜色可以轻松修复一些严重偏色的图，操作方法简单易懂。在设置中，除了明亮度和颜色强度的调整外，渐隐选项的设置可使颜色变化更加自然，增强画面层次。

01 执行"文件＞打开"命令，打开"Chapter4\4.1\4.1.1\4.1.1.1\Media\缝纫机.jpg"图像文件。

02 执行"图像＞调整＞匹配颜色"命令，在打开的对话框中选择"中和"选项，图像颜色发生改变。然后设置"明亮度"和"颜色强度"的参数，完成后单击"确定"按钮。

2. 曝光度调整命令

　　曝光度的调整可以轻松调整一些曝光过度，导致照片图像明暗对比较弱，色彩也不够饱和的图片。在运用时根据画面拖曳滑块设置各项参数，调出最佳的照片修复曝光效果。

01 执行"文件 > 打开"命令，打开""Chapter4\4.1\4.1.2\4.1.2.2\Media\海边.jpg"图像文件。复制"背景"图层，生成"图层1"。

02 设置"图层1"的混合模式为"正片叠底"，图像色调变清晰。

03 按 Ctrl +E 组合键合并图层，合并为背景图层。执行"图像 > 调整 > 曝光度"命令，在弹出的曝光度对话框中设置各项参数，完成后单击"确定"按钮，图像效果发生改变，曝光度降低，画面色调变自然。

3. 曲线调整命令

曲线调整是Photoshop中最常用到的调整工具，理解了曲线就能触类旁通很多其他色彩调整命令。Photoshop将图像的暗调中间调和高光通过这条线段来表达，线段左下角的端点代表暗调，右上角的端点代表高光，中间的过渡代表中间调。如果曲线下降，将会减暗图像；反之，则会提亮图像。

01 执行"文件>打开"命令,打开"Chapter4\4.1\4.1.2\4.1.2.3Media\湖边.jpg"图像文件。

02 执行 "图像 > 调整 > 曲线" 命令，在弹出的曲线对话框中拖曳线条设置曲线参数，完成后单击"确定"按钮，画面对比更强，效果更佳。

曲线是对RGB、红、蓝、绿四个通道进行调色。不同的通道调色效果不同，根据画面需要可以多种曲线通道同时运用，调整出最佳的画面效果。关于曲线调整，后面章节还会讲到，这里就不详述了。下面是四个通道各自不同的图像调整效果。

曲线红通道调整

曲线绿通道调整

曲线蓝通道调整

曲线 RGB 通道调整

4. 可选颜色命令

可选颜色是Photoshop中一条关于色彩调整的命令。该命令可以对图像中限定颜色区域中各像素中的Cyan（青）、Magenta(洋红)、Yellow(黄)、blacK(黑)四色油墨进行调整，从而不影响其他颜色（非限定颜色区域）的表现。

01 执行"文件 > 打开"命令，打开"Chapter4\4.1\4.1.2\4.1.2.4\Media\时尚.jpg"图像文件。

02 执行"图像 > 调整 > 可选颜色"命令，在弹出的可选颜色对话框中设置"颜色"为黄色，然后拖曳滑动设置各项参数，完成后单击"确定"按钮，图像黄色调调整为绿色。

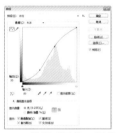

03 执行"图像 > 调整 > 曲线"命令，在弹出的曲线对话框中拖曳线条设置曲线参数，完成后单击"确定"按钮，画面对比更强，效果更佳。

5. 阴影/高光命令

"阴影 / 高光"命令是Photoshop中一个非常棒的功能，它能降低逆光的效果。阴影"数量"选项的默认值是50%，但这只是一个参考值。要提亮暗部影调，可以把"数量"滑块拖向右边，或者在窗口中直接输入0~100的百分数。接下来可以调整"色域"，它决定了调整范围将包括多少灰阶值。要增加高光部分的细节，就要把高光的"数量"滑块向右拖曳。和阴影工具一样，高光的"色域"也可以调节。对黑白影像而言，"中间调对比度"是个特别有用的功能。要谨慎地使用"高光"命令，因为它也不可能恢复图像中原本就没有的细节。

01 执行"文件 > 打开"命令，打开"Chapter4\4.1\4.1.2\4.1.2.5\Media\晚礼服.jpg"图像文件。

02 执行"图像 > 调整 > 阴影 / 高光"命令，在弹出的对话框中勾选"显示更多选项"，然后拖曳滑动设置各项参数，完成后单击"确定"按钮，图像效果发生改变。

6. 变化命令

在Photoshop中，"变化"命令通过显示调整效果的缩览图，可以使用户很直观、简单地调整Photoshop CS6图像的色彩平衡、饱和度及对比度。其功能就相当于"色彩平衡"命令再增加"色相/饱和度"命令的功能。但是，"变化"命令可以更精确、更方便地调节Photoshop中的图像颜色。"变化"命令主要应用于不需要精确色彩调整的平均色调图像。

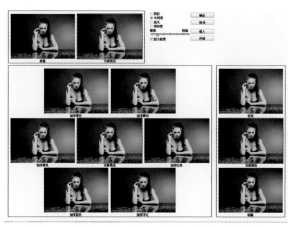

01 执行"文件>打开"命令，打开"Chapter4\4.1\4.1.2\4.1.2.5\ Media\少女 .jpg"图像文件。

02 执行"图像>调整>变化"命令，在弹出的对话框中连续单击"加深黄色"选项，除原图外，缩略预览图都开始添加黄色，色调发生改变。

知识提点：变化命令色调修复技巧

变化命令对话框中可以直观地添加各种色调，单击缩览图的次数越多，所添加的该色系的浓度就会越高；同时，对话框上方的阴影、中间调、高光、饱和度分别控制了图像的光影效果和色调饱和程度，调整时根据画面需要适当设置即可。

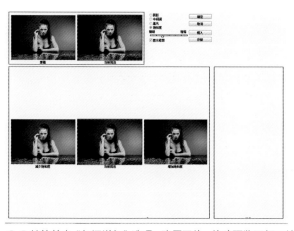

03 继续单击"加深洋红"选项，除原图外，缩略预览图都开始添加洋红色，色调发生改变。点选"饱和度"，拖曳滑块调整色调，完成后单击"确定"按钮，图像效果发生改变，色调偏红。

7. 替换颜色命令

很多朋友在用photoshop调整图片颜色的时候通常采用简单调整"色相/饱和度"的方法，但是整个图像都会呈现调整后的色调效果，并不是仅仅调整需要修改的局部颜色。替换颜色工具为局部的颜色替换提供了方便快捷的替换方法，在替换的同时保持了原有的明度和光影效果，替换后图像并不失真，效果比较自然。

01 执行"文件 > 打开"命令，打开"Chapter4\4.1\4.1.2\4.1.2.5\Media\海星.jpg"图像文件。复制"背景"图层，生成"图层 1"。

02 执行"图像 > 调整 > 替换颜色"命令，在弹出的对话框中选择"选区"选项，然后在罐子需要更替颜色处单击，设置替换颜色参数，图像选区范围自动替换图像颜色。

03 在替换颜色对话框中选择第二个吸管工具，连续单击更多需要更替颜色的区域，图像更换颜色完成。

04 在替换颜色对话框中选择第二个吸管工具，连续单击更多需要更替颜色的区域，图像更换颜色快速完成。

知识提点：替换颜色命令的操作技巧

在对替换颜色选区进行选择时，注意颜色容差的设置，容差越大，选取的范围越大。而三个吸管工具，分别是单次吸取颜色、多次吸取颜色以及减去吸取颜色，配合使用操作将更简单且易出效果。

4.1.3 修复滤镜

修复滤镜包括很多，有去斑滤镜、镜头校正滤镜、液化滤镜、高斯模糊滤镜，它们主要是对图像进行质感的修复处理以及形状视觉的调整，操作简单且很容易达到预期的效果。

1. 去斑滤镜

在进行商业照片拍摄时，光线过暗，图像就有可能产生噪点，通过去斑滤镜可以快速去除照片中的噪点，增强照片中人物的清晰度。在实际应用中可反复使用去斑命令来去除照片中的杂点，重复操作使其效果更加明显。

01 执行"文件＞打开"命令，打开"Chapter4\4.1\4.1.3\4.1.3.1\Media\美女.jpg"图像文件。可以看到图像有很多噪点。

02 执行"滤镜＞杂色＞去斑"命令，自动对图像进行去斑。连续多次按Ctrl+F组合键，重复对图像进行去斑，直至达到满意的效果为止。

03 单击"创建新的填充或调整图层"按钮，在弹出的快捷菜单中选择"曲线"命令，拖曳线条设置各项参数，画面效果发生改变。

04 单击"创建新的填充或调整图层"按钮，在弹出的快捷菜单中选择"可选颜色"命令，设置各项参数，画面效果发生改变。

知识提点：仿制图章工具的细致修图技巧

在运用仿制图章工具进行图像细致修复的时候，可以采用对相近色块进行分区框选，并配合羽化命令柔化选区边缘，使仿制图章进行涂抹的时候不至于溢出色块边缘，使仿制的画面效果更加精细自然。

05 在"选取颜色1"上单击"添加图层蒙版"按钮，运用画笔工具在添加的蒙版中适当涂抹，隐藏人物嘴唇及脸庞四周的部分图像，使人物的唇色恢复润泽，面部更有层次感。

知识提点：蒙版的操作技巧

在蒙版内进行画笔涂抹时，黑色涂抹是隐藏图像像素，白色涂抹是恢复图像像素。在涂抹的时候，同样保留了画笔的各种属性设置，也可以进行不透明度的设置，涂抹后更加自然。

2. 镜头校正滤镜

Photoshop中的"镜头校正"滤镜根据各种相机与镜头的测量自动校正，可以轻易消除桶状和枕状变形、相片周边暗角、视野角度，以及造成边缘出现彩色光晕的色相差。

01 执行"文件 > 打开"命令，打开"Chapter4\4.1\4.1.3\4.1.3.2\Media\蜘蛛.jpg"图像文件。

02 执行"滤镜 > 镜头校正"命令，在弹出的对话框中单击移去扭曲按钮，从外至内在人物面部进行拖曳，图像效果发生改变。人物的面部和颈部适当变形向内收缩形体。

03 单击拉直工具，以人物眼睛为水平视线，拖曳线条。

04 完成后单击"确定"按钮，人物视角发生改变。

3. 液化滤镜

液化滤镜可用于推、拉、旋转、反射、折叠和膨胀图像的任意区域。创建的扭曲可以是细微的或是剧烈的，这就使液化滤镜成为修饰图像和创建艺术效果的强大工具。它对于人物形态的脸型及体型修复的作用相当明显，且自然不露痕迹。

01 执行"文件 > 打开"命令，打开"Chapter4\4.1\4.1.3\4.1.3.3\Media\ 婚纱女 .jpg"图像文件。

02 执行"滤镜 > 液化"命令，在弹出的对话框中单击向前变形工具按钮，在人物面部适当进行拖曳，图像效果发生改变。人物的面部、颈部和头发都适当变形，人物面部形体变得更美。

03 继续运用向前变形工具，在人物腰部和肩膀手臂适当向内拖曳，图像效果发生改变。人物的体型变得更完美。

04 完成后单击"确定"按钮，图像整体体型与原图对比鲜明。

知识提点：液化滤镜的作用

液化滤镜可以轻松地对图像进行涂抹变形，顺着自己想要的画面效果进行涂抹，可以轻松地对图像进行扭曲变形，同时前景与背景也能衔接自然。

4.2 广告模特修复

商业修片中，人像摄影是一个大的门类，人物的拍摄无论从商业角度还是自身追求完美的角度来说，都越来越受到大众的追捧。因此，应运而生的平面广告模特摄影因为模特自身条件的缺陷或者拍摄技术的欠缺，也面临着更多的商业修片处理。下面我们先讲讲广告模特的修复。

4.2.1 修复模特眼袋

模特眼袋的修复是常见的人像修复种类，很多人像拍摄出来由于自身面部特点或者光线的原因，造成人物眼袋较明显的情况，影响整个面部的美观和人物的精神状态。Photoshop为快速去除眼袋提供了最轻松简便的方法。

 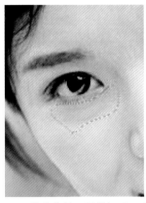 

01 执行"文件 > 打开"命令，打开"Chapter4\4.2\4.2.1\Media\修复模特眼袋 .jpg"图像文件。复制背景图层，生成"图层 1"。

02 单击修补工具按钮，在画面中勾选画面左侧眼睛眼袋位置，向人物脸部皮肤处拖移，眼袋变得平滑。完成后按 Ctrl+D 组合键取消选区。

03 单击修补工具按钮，运用相同的方法在画面中勾选画面右侧眼睛眼袋位置，向人物脸部皮肤处拖曳。完成后按 Ctrl+D 组合键取消选区。

04 继续运用修补工具，运用相同方法修复眼袋及眼纹细节，使整体图效更加完美。

05 单击"创建新的填充或调整图层"按钮，选择"可选颜色"命令，并设置各项参数，画面效果发生改变。

06 在"选取颜色 1"调整图层的蒙版上适当涂抹黑色，抹出花朵和头发原本的色彩，保持皮肤亮度。

4.2.2 去除面部痘印或斑点

污点修复画笔工具可以快速去除人物面部痘印或斑点，操作的方法轻松快捷。

01 执行"文件 > 打开"命令，打开"Chapter4\4.2\4.2.2\Media\去除面部痘印（斑点）.jpg"图像文件。复制背景图层，生成"图层 1"。

02 放大人物面部，可以看到人物面部有许多痘印。单击污点修复画笔工具按钮，调整画笔大小，置于痘印上方，单击痘印，将自动去除痘印。

03 继续运用污点修复画笔工具在人物面部痘印上单击，以美化面部。

04 单击"创建新的填充或调整图层"按钮，在弹出的快捷菜单中选择"亮度 / 对比度"命令，并在弹出的面板中设置各项参数，画面效果发生改变。

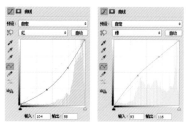

05 单击"创建新的填充或调整图层"按钮，在弹出的快捷菜单中选择"曲线"命令，并在弹出的面板中分别设置"通道"为红色和绿色，并拖曳线条调整图像，画面效果发生改变。

知识提点：痘印或斑点去除技巧

除了污点修复画笔工具以外，修补工具和修复画笔工具同样可以去除面部瑕疵。根据画面需要选择适当的工具配合操作，可以使斑点去除效果更佳。

4.2.3 去除照片红眼

　　照片红眼是指在用闪光灯拍摄特写时，在照片上眼睛的瞳孔呈现红色斑点的现象。这是因为在比较暗的环境中，眼睛的瞳孔会放大，如果闪光灯的光轴和相机镜头的光轴比较近，强烈的闪光灯光线会通过人的眼底反射入镜头，眼底有丰富的毛细血管，这些血管是红色的，所以就形成了红色的光斑。商业照片拍摄过程中，在使用和镜头距离较近的内置闪光灯时容易出现这种现象。去除红眼是修片中一个较为简单的操作，运用红眼工具便可去除。

01 执行"文件＞打开"命令，打开"Chapter4\4.2\4.2.3\Media\去除照片红眼.jpg"图像文件。复制背景图层，生成"图层1"。

02 放大人物面部，可以看到人物眼睛有红眼现象。单击红眼工具按钮，在左侧眼睛处框选眼球，然后松开鼠标，将自动去除红眼。

03 继续运用红眼工具在右侧眼睛处框选眼球，然后松开鼠标，自动去除红眼。

04 单击"创建新的填充或调整图层"按钮，在弹出的快捷菜单中选择"曲线"命令，并拖曳线条调整图像，画面效果发生改变。

05 单击"创建新的填充或调整图层"按钮，在弹出的快捷菜单中选择"照片滤镜"命令，并拖曳滑块设置各项参数，画面色调发生改变。

06 单击"创建新的填充或调整图层"按钮，在弹出的快捷菜单中选择"色彩平衡"命令，并拖曳滑块设置各项参数，画面色调发生改变。

4.2.4 除瑕疵还原模特无瑕肌肤

模特面部的瑕疵杂点可以通过修复工具来去除。除了简单去除斑点瑕疵外，模特的肤色及无瑕肌肤的完美质感则通过混合模式和调整图层来完成。

01 执行"文件＞打开"命令，打开"Chapter4\4.2\4.2.4\Media\除瑕疵还原模特无瑕肌肤.jpg"图像文件。复制背景图层，生成"图层1"。

02 放大人物面部，可以看到有许多痘印。单击污点修复画笔工具按钮，调整画笔大小，置于痘印上方，单击"痘印"按钮，将自动去除痘印斑点。

03 继续运用污点修复画笔工具，在人物面部痘印斑点上单击，以美化人物面部。

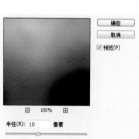

04 复制"图层1"，生成"图层1副本"。执行"滤镜＞模糊＞高斯模糊"命令，在打开的对话框中设置各项参数完成后单击"确定"按钮。

05 单击"添加图层蒙版"按钮，运用画笔工具，在添加的蒙版中适当涂抹黑色，显示人物五官及脸庞四周的部分图像，使人物的眼睛及唇色恢复清晰质感。

06 设置"图层1副本"的混合模式为"滤色"。

07 复制"图层1副本",生成"图层1副本2",图像色调变得更亮。

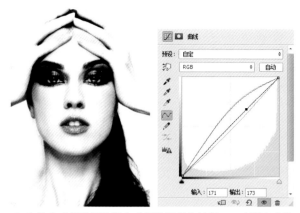

08 单击"创建新的填充或调整图层"按钮，在弹出的快捷菜单中选择"曲线"命令，并在弹出的面板中分别设置RGB、红色、绿色和蓝色通道，并拖曳线条调整各通道图像，画面效果发生改变。

09 按Ctrl+Shift+Alt+E组合键盖印图层，生成"图层2"。设置"图层2"的混合模式为"滤色""不透明度"为50%，人物皮肤更加通透。

10 单击"创建新的填充或调整图层"按钮，在弹出的快捷菜单中选择"可选颜色"命令，并在弹出的面板中分别设置红色和中性色的颜色参数，画面效果发生改变。

11 单击"创建新的填充或调整图层"按钮，在弹出的快捷菜单中选择"色彩平衡"命令，并在弹出的面板中分别设置RGB、红色、绿色和蓝色通道，并拖曳线条调整各通道图像各项参数，画面色调发生改变。

12 按Ctrl+Shift+Alt+E组合键盖印图层，生成"图层3"。设置"图层3"的混合模式为"深色""不透明度"为29%，人物皮肤更加白皙。

4.2.5 矫正偏黄模特肌肤

对于模特一些偏黄肌肤的图像，通常情况下通过各调整图层进行调整设置即可，但这种方法一般先要选出模特皮肤。根据不同的画面需要，通道内对模特皮肤进行矫正，更加轻松快捷，省去了不少选取的程序，且制作的模特皮肤效果更加通透自然。

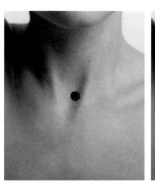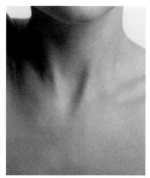

01 执行"文件 > 打开"命令，打开"Chapter4\4.2\4.2.5\Media\矫正偏黄模特肌肤.jpg"图像文件。

02 放大人物图像，可以看到人物颈部有几颗痣。单击污点修复画笔工具按钮，调整画笔大小，置于痣的上方，单击痣将自动去除。用相同的操作方法，继续去除更多杂点。

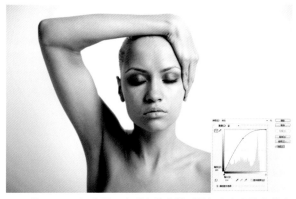

03 连续按Ctrl+J组合键，复制生成"图层1"、"图层1副本"。隐藏背景图层和"图层1副本"。打开通道面板，选择"蓝通道"。

04 按Ctrl+M组合键，在弹出的曲线对话框中向上拖曳线条设置参数，图像变亮，完成后单击"确定"按钮。

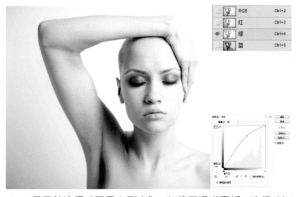

05 返回图层面板，单击图层，切换图像模式，图像色彩发生改变，此时人物皮肤的黄色调已基本去除，肤色贴近自然。

06 显示并选择"图层1副本"，切换至通道面板，选择"红通道"。按Ctrl+M组合键，在弹出的曲线对话框中向上拖曳线条设置参数，图像变亮，完成后单击"确定"按钮。

07 返回图层面板，单击图层，切换图像模式，图像色彩发生改变。

08 设置"图层1副本"的混合模式为"色相"，"不透明度"为50%，人物皮肤变得白皙通透。

09 单击"创建新的填充或调整图层"按钮，在弹出的快捷菜单中选择"曲线"命令，拖曳线条调整图像，画面效果发生改变。

10 单击"创建新的填充或调整图层"按钮，在弹出的快捷菜单中选择"可选颜色"命令，并在弹出的面板中分别设置红色和中性色的颜色参数，画面效果发生改变。

4.2.6　美白模特牙齿

　　商业照片中，很多整体效果不错，但因模特的牙齿偏黄而影响了整体画面的美感。运用套索工具和调整图层可以快速准确地对人物牙齿进行美白处理。

01 执行"文件>打开"命令，打开"Chapter4\4.2\4.2.6\Media\美白模特牙齿.jpg"图像文件。复制背景图层，生成"图层1"。

02 单击多边形套索工具按钮，在人物牙齿嘴唇位置适当勾选牙齿，创建牙齿选区。

按 Ctrl+J 组合键，复制选区生成"图层 2"。单击"创建新的填充或调整图层"按钮 ，在弹出的快捷菜单中选择"色彩平衡"命令，并在弹出的面板中拖曳滑块设置各项参数，完成后创建剪贴蒙版，画面效果发生改变。

单击"创建新的填充或调整图层"按钮 ，在弹出的快捷菜单中选择"曲线"命令，并拖曳线条调整图像，完成后创建剪贴蒙版，牙齿变得更亮。

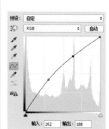

再次单击"创建新的填充或调整图层"按钮 ，在弹出的快捷菜单中选择"曲线"命令，并拖曳线条调整图像，整体画面效果发生改变。

4.2.7 打造模特精致面孔

也许你的模特很漂亮，但是因为拍摄中光线或技巧的原因，一张完美的模特脸庞却因为各种因素变得暗淡无光。打造模特精致的面孔，不仅需要对模特进行磨皮美肤去斑，而且要调整整张图像的色调和对比度，强化模特白皙通透的面孔。

执行"文件>打开"命令，打开"Chapter4\4.2\4.2.7\Media\打造模特精致面孔.jpg"图像文件。复制背景图层，生成"图层 1"。

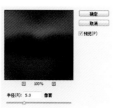

执行"滤镜>模糊>高斯模糊"命令，在打开的对话框中设置各项参数，完成后单击"确定"按钮。

03 设置"图层1"的混合模式为"滤色",人物皮肤变得白皙。

04 打开通道面板,选择"绿通道"。按Ctrl+M组合键,在弹出的曲线对话框中向上拖曳线条设置参数,图像变亮,完成后单击"确定"按钮。

05 选择"蓝通道",按Ctrl+M组合键,在弹出的曲线对话框中向上拖曳线条设置参数,图像变亮,完成后单击"确定"按钮。

06 返回图层面板,单击图层,切换图像模式,图像色彩发生改变。

07 单击"创建新的填充或调整图层"按钮,在弹出的快捷菜单中选择"曝光度"命令,并拖曳线条调整图像,整体图像变得更亮。

08 单击"创建新的填充或调整图层"按钮,在弹出的快捷菜单中选择"自然饱和度"命令,并拖曳线条调整图像,人物肤色得到矫正。

知识提点：通道内调整色调的选择技巧

图像色调调整中，在对调整的通道进行选择时，注意各通道的黑白对比，选择较深颜色的通道进行调整，以期提亮画面效果。

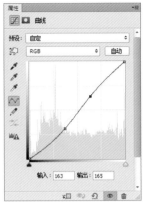

09 单击"创建新的填充或调整图层"按钮 ◯，在弹出的快捷菜单中选择"曲线"命令，并拖曳线条调整图像，整体画面变得更亮。

10 按Ctrl+Shift+Alt+E组合键盖印图层，生成"图层2"。单击修补工具按钮 ◯，在画面中勾选需要修补去除的图像范围。向下拖移选区至所需要的图像范围，松开鼠标左键，图像自动进行修补，去除人物眼圈，完成后取消选区。

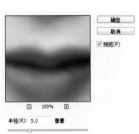

11 使用以上相同的方法，结合修补工具 ◯ 和污点修复画笔工具 ◯，去除人物脸部的瑕疵。

12 复制"图层2"，生成"图层2副本"。执行"滤镜 > 模糊 > 高斯模糊"命令，在打开的对话框中设置各项参数，完成后单击"确定"按钮。

知识提点：高斯模糊滤镜的操作技巧

高斯模糊滤镜可以均匀地对图像进行模糊处理，模糊的半径值越大，图像就越模糊，反之则越清晰。

知识提点：滤色混合模式的作用

混合模式可以轻松地制作出一些图像的特殊效果，而这里的滤色混合模式能快速重叠图像的较亮区域，使人物面部的肤色变得更加自然白皙。

13 设置"图层2副本"的混合模式为"滤色"，"不透明度"为50%，人物皮肤变得白皙通透。

4.2.8 修复模特身姿

　　商业摄影中模特的身形拍摄可能不尽完美，因此对模特身形的修复不可避免。最常用的修复方法是液化滤镜，轻松操作即可对模特身姿进行完美的修复。

01 执行"文件>打开"命令，打开"Chapter4\4.2\4.2.8\Media\修复模特身姿.jpg"图像文件。复制背景图层，生成"图层1"。

02 执行"滤镜>液化"命令，打开"液化"对话框，在弹出的对话框中单击向前变形工具按钮，在人物腰部适当向内收缩，人物腰部变细。

03 继续运用向前变形工具，在人物腰部和手臂继续适当收缩调整，使人物腰部和臂膀变细。

04 完成液化变形处理后，单击"确定"按钮。单击"创建新的填充或调整图层"按钮，选择"曲线"命令，并拖曳线条调整图像。

4.2.9 打造模特迷人双眼

　　眼睛是心灵的窗户，一双迷人的眼睛可以让整个人物变得更有神采，更有灵动气质。通过调整图层、画笔工具及混合模式，可以制作出不一般的迷人魅力双眼。

01 执行"文件>打开"命令，打开"Chapter4\4.2\4.2.9\Media\打造模特迷人双眼.jpg"图像文件。复制背景图层，生成"图层1"。

02 单击"创建新的填充或调整图层"按钮，在弹出的快捷菜单中选择"曲线"命令，并拖曳线条调整图像，图像整体变亮。

03 新建"图层2",设置前景色为蓝色(R83、G141、B148),单击画笔工具按钮✐,在属性栏上选择"柔角"笔刷,然后在人物眼睛处绘制蓝色色块。

04 设置"图层2"的混合模式为"叠加","不透明度"为80%,人物眼睛处叠加了朦胧蓝色眼影。

05 单击"添加图层蒙版"按钮▢,运用画笔工具✐,在添加的蒙版中适当涂抹黑色,隐藏人物眼影四周的部分图像,使人物的眼影变得自然。

06 单击"创建新的填充或调整图层"按钮●,在弹出的快捷菜单中选择"色彩平衡"命令,适当设置各项参数,人物眼影色彩改变,完成后创建剪贴蒙版。

07 选择"色彩平衡1"上的蒙版,单击画笔工具按钮✐,在添加的蒙版中适当涂抹黑色,隐藏人物眼影眼角和部分眼周色块,使人物的眼影变得有层次。

08 新建"图层3",单击画笔工具按钮✐,设置前景色为黑色,绘制人物眼线,使人物的眼睛更有神采,更加迷人。

4.2.10 修复模特暗淡肌肤

模特的暗淡肌肤通过各调整图层可以轻松调整出来。制作时对皮肤可以进行单独选取，以便进行局部修复。

01 执行"文件 > 打开"命令，打开"Chapter4\4.2\4.2.10\
Media\修复模特暗淡肌肤 .jpg"图像文件。复制背景图层，
生成"图层 1"。

02 单击"创建新的填充或调整图层"按钮，在弹出的快
捷菜单中选择"曲线"命令，并拖曳线条调整图像，图
像整体变亮。

03 单击"创建新的填充或调整图层"按钮，在弹出的快
捷菜单中选择"曝光度"命令，拖曳滑块设置各项参数，
图像效果发生改变。

04 按 Ctrl+Shift+Alt+E 组合键盖印图层，生成"图层 2"。
执行"选择 > 色彩范围"命令，在弹出的对话框中单击
图像中模特肌肤位置，完成后单击"确定"按钮，将部分皮肤
载入选区。

05 按 Ctrl+J 组合键，复制选区图像生成"图层 3"。单击"创
建新的填充或调整图层"按钮，在弹出的快捷菜单中
选择"曲线"命令，并拖曳线条调整图像，完成后创建剪贴蒙
版，皮肤图像整体变亮。

06 单击"创建新的填充或调整图层"按钮，在弹出的快
捷菜单中选择"可选颜色"命令，分别选择"红"和"洋
红"颜色，拖曳滑块设置各项参数，人物皮肤暗部也变亮，图
像效果发生改变。

4.3　去除照片多余杂物

　　商业照片摄影中，往往会出现预期之外的物品或多余图像，也有些图片因有水印和日期而影响了画面效果。通过Photoshop一些功能可以轻松地去除不需要的画面部分，并还原图像完整的画面效果。

4.3.1　去除背景杂物

01 执行"文件＞打开"命令，打开"Chapter4\4.3\4.3.1\Media\去除背景杂物.jpg"图像文件。复制背景图层，生成"图层1"。

02 单击修复画笔工具按钮，按Alt键在画面下方单击，然后松开将画笔移至需要涂抹的区域。

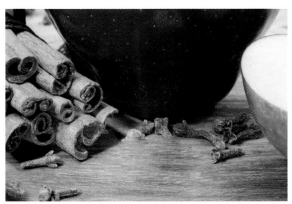

03 在桌面杂物的图像上向右涂抹，图像自动修复成桌面的颜色。复制时尽量注意色彩的衔接。

04 继续在桌面其他杂物图像上涂抹，直到完全覆盖了杂物，涂抹时注意保持画面干净。

05 单击修补工具按钮，在画面中勾选需要修补去除的图像范围。向左拖移选区至所需要的图像范围，然后松开鼠标左键，图像自动进行修补，完成后取消选区。

06 结合修复画笔工具和修补工具，使用相同方法在桌面杂物图像上涂抹，尽量自然地还原桌面图像，涂抹时注意保持色彩衔接。

07 单击多边形套索工具按钮，在背景酒瓶位置适当勾选酒瓶图像，创建选区。右键单击选区，在弹出的羽化对话框中设置"羽化半径"为5像素，单击"确定"按钮。

08 单击仿制图章工具按钮，按Alt键在背景红布上单击，创建复制源，在选区内酒瓶图像上涂抹，仿制图像。

09 继续运用仿制图章工具在画面图像上涂抹，仿制图像，完成后取消选区。

10 单击修补工具按钮，运用相同方法修补苹果图像，完成后取消选区。

知识提点：修补工具操作技巧

修补工具的"源"是先创建的选区，将会被后面选中的区域所覆盖；"目标"是先创建的选区，将会覆盖后面所选中的区域。运用修补工具操作时一定要将选区与背景图像进行重合预览，选取最佳的修补区域，使图像修复天衣无缝。

11 单击"创建新的填充或调整图层"按钮，在弹出的快捷菜单中选择"曲线"命令，并拖曳线条调整图像，完成后创建剪贴蒙版，图像整体变亮。

12 单击"创建新的填充或调整图层"按钮，在弹出的快捷菜单中选择"照片滤镜"命令，并拖曳滑块设置各项参数，画面色调发生改变。

4.3.2 去除多余图像

在对商业摄影照片进行修片时，所需的画面中往往会多出不需要的素材元素。通过Photoshop中的仿制图章工具不断地复制仿制源，并进行图像仿制，去除多余图像后还能使画面仿制效果天衣无缝。

01 执行"文件 > 打开"命令，打开"Chapter4\4.3\4.3.1\ Media\ 去除多余图像 .jpg"图像文件。复制背景图层，生成"图层 1"。

02 在"图层 1"上使用钢笔工具勾选需要修改的部分并创建选区，单击仿制图章工具按钮，按 Alt 键在图层上单击，创建复制源，在选区内涂抹，仿制图像。

03 继续运用仿制图章工具在画面图像上涂抹白色云雾，仿制图像完成后取消选区。

04 单击"创建新的填充或调整图层"按钮，在弹出的快捷菜单中选择"曲线"命令，并拖曳线条调整图像，图像对比增强。

05 单击"创建新的填充或调整图层"按钮 ，在弹出的快捷菜单中选择"通道混合器"命令，拖曳滑块设置各项参数，人物皮肤色调发生改变。

06 单击"创建新的填充或调整图层"按钮 ，在弹出的快捷菜单中选择"照片滤镜"命令，拖曳滑块设置各项参数，图像色调发生改变。

知识提点：仿制图章工具的操作技巧

仿制图章工具是一个很神奇的工具，主要用来复制取样的图像。它能够按涂抹的范围复制全部或者部分到一个新的图像中。仿制图章工具从图像中取样，然后可将样本应用到其他图像或同一图像的其他部分。也可以将一个图层的一部分仿制到另一个图层。该工具的每个描边在多个样本上绘画。使用仿制图章工具时，会在该区域上设置要应用到另一个区域上的取样点。通过在选项栏中选择"对齐"，无论对绘画停止和继续过多少次，都可以重新使用最新的取样点。当"对齐"处于取消选择状态时，将在每次绘画时重新使用同一个样本像素。

4.3.3 去除照片水印

对一些比较复杂琐碎的商业照片进行水印去除是一个比较烦琐费时的过程。通过套索工具确定选区，结合仿制图章工具进行精细的水印去除，即可达到目的。

01 执行"文件 > 打开"命令，打"Chapter4\4.3\4.3.3Media\去除照片水印 .jpg"图像文件。复制背景图层，生成"图层1"。

02 单击多边形套索工具按钮 ，框选墙面上方的局部水印区域，注意选取时与瓷砖砖面的边缘贴合。

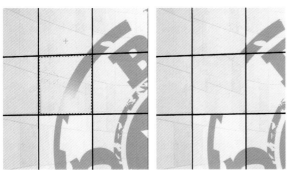

03 单击仿制图章工具按钮，按 Alt 键在选区图像内单击，创建复制的源，然后在选区内涂抹，注意画面像素的衔接自然，完成后按 Ctrl+D 组合键取消选区。

04 使用以上相同的方法，分别选取瓷砖墙面小方块，运用仿制图章工具 对图像进行复制涂抹，完成后按 Ctrl+D 组合键取消选区。

知识提点：水印去除方法

　　根据不同的水印大小和画面效果，所运用的水印去除方法也不一样。对于一些小的水印，运用修复画笔工具或者修补工具都可以轻松完成。

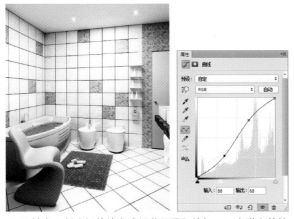

05 单击"创建新的填充或调整图层"按钮，在弹出的快捷菜单中选择"曲线"命令，并拖曳线条调整图像，图像对比增强，色彩变亮。

06 单击"创建新的填充或调整图层"按钮，在弹出的快捷菜单中选择"照片滤镜"命令，拖曳滑块设置各项参数，图像色调发生改变。

4.3.4 去除照片日期

　　在很多商业数码照片的拍摄中，相机设置自动生成日期会直接显示在拍摄照片的一角。去除照片上的日期以还原画面效果，是常常需要做的事情。

01 执行"文件 > 打开"命令，打开"Chapter4\4.3\4.3.3\Media\ 去除照片日期 .jpg"图像文件。复制背景图层，生成"图层 1"。

02　单击修补工具按钮 ，在画面中区分图像色块，按色块
勾选需要修补去除的图像范围。

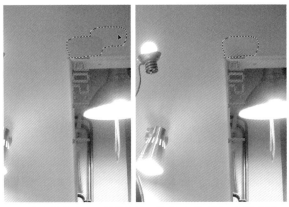

03　向右拖移选区至所需要的图像范围，然后松开鼠标左键，
图像自动进行修补，选区效果依然保持。

04　单击修复画笔工具按钮 ，按 Alt 键在画面下方单击，
然后松开将画笔移至需要涂抹的区域。

05　在红色日期图像上向右涂抹，图像自动修复成墙面的颜
色。复制时颜色尽量衔接自然，完成后取消选区。

知识提点：分区域色块去除方法

　　对于日期的去除，如果画面底色比较单一，可以直接
选取进行像素复制涂抹。而遇到图像底色色块像素的差异较
大，不能直接进行选取涂抹，需根据色块单独选取，以达到
画面整洁，像素去除后图像不留痕迹。

06　继续结合修补工具 和修复画笔工具 ，在红色日期的
图像上涂抹，直到完成覆盖了所有日期文字图像。涂抹
时注意保持画面干净。

知识提点：色彩平衡的作用

色彩平衡命令可以轻松地调整图像色偏，在图像色调基础上进行细致调整，以达到最佳的色彩效果。

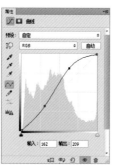

07 单击"创建新的填充或调整图层"按钮，在弹出的快捷菜单中选择"曲线"命令，并拖曳线条调整图像，图像对比增强，色彩变亮。

08 单击"创建新的填充或调整图层"按钮，在弹出的快捷菜单中选择"曝光度"命令，并拖曳滑块设置各项参数，图像发生改变。

4.4 修复错乱光影

商业摄影中，因为光线的原因往往会造成光线错乱的现象。通过Photoshop的各项功能可以轻松对其进行修复，使画面光影更加自然。

4.4.1 修复错乱光影

对于一些画面光影散乱的图像，可以直接通过混合模式和调整图层进行修复。制作时可以结合叠加混合模式绘制色块进行局部光影突出。

01 执行"文件＞打开"命令，打开"Chapter4\4.4\4.4.1\Media\修复散乱光影.jpg"图像文件。复制背景图层，生成"图层1"。

02 新建"图层2"，设置前景色为黑色，单击画笔工具按钮，在属性栏上设置"不透明度"为50%，在画面边缘绘制暗影。

03 设置"图层2"的混合模式为"点光","不透明度"为50%，图像四周添加了暗影。

04 新建"图层3"，设置前景色为白色，单击画笔工具按钮，在画面中间绘制高光。

05 设置"图层3"的混合模式为"叠加","不透明度"为28%，图像中间添加了高光。

06 单击"创建新的填充或调整图层"按钮，在弹出的快捷菜单中选择"曲线"命令，并拖曳线条调整图像，图像对比增强，色彩变亮。

知识提点：光影的修复技巧

在散乱光影的照片中，如果需要对散乱的光线进行修复和整理，集中视觉焦点，除了可以通过调整图层对图像整体进行色彩修复以外，还可以通过叠加高光和阴影的色块，通过混合模式与图像整体相融合，修复效果集中且明确，能快速修复光影照片。

07 单击"创建新的填充或调整图层"按钮，在弹出的快捷菜单中选择"色彩平衡"命令，拖曳滑块设置各项参数，图像色彩发生改变。

08 单击"创建新的填充或调整图层"按钮，在弹出的快捷菜单中选择"曲线"命令，拖曳滑块设置各项参数，图像对比增强，色彩变亮。

4.4.2 去除照片噪点

在光线较差的情况下，照片往往带有很多噪点。噪点也就是密密麻麻的一些点，使得照片看起来非常模糊。通过通道进行选取，可以快速去除噪点。

01 执行"文件 > 打开"命令，打开"Chapter4\4.4\4.4.2\ Media\ 去除照片噪点 .jpg"图像文件。复制背景图层，生成"图层 1"。

02 执行"滤镜 > 杂色 > 中间值"命令，在打开的对话框中设置"半径"为 6 像素，完成后单击"确定"按钮。

03 执行"滤镜 > 锐化 >USM 锐化"命令，在打开的对话框中设置各项参数，完成后单击"确定"按钮。

04 打开通道面板，选择色调最暗的"红"通道，并复制生成"红副本"。

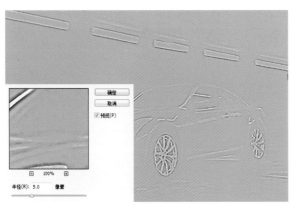

05 执行"滤镜 > 其他 > 高反差保留"命令，在打开的对话框中设置"半径"为 5 像素，完成后单击"确定"按钮。

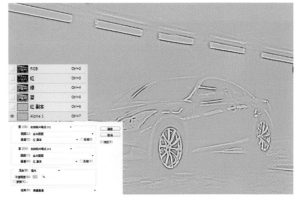

06 执行"图像 > 计算"命令，在打开的对话框中设置各项参数，完成后单击"确定"按钮。

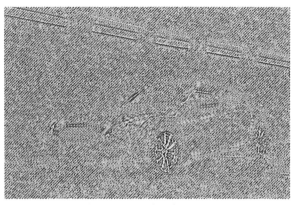

07 按Ctrl键单击Alpha 1前的缩略图，将图像载入选区。

08 选择"图层1"，单击"添加图层蒙版"按钮 ■，自动为该图层添加蒙版，去除图像噪点。

09 按Ctrl+Shift+Alt+E组合键盖印图层，生成"图层2"。执行"滤镜 > 杂色 > 去斑"命令，完成后重复按 Ctrl+F 组合键重复操作"去斑"命令。

10 单击"创建新的填充或调整图层"按钮 ◑，在弹出的快捷菜单中选择"曲线"命令，并拖曳线条调整图像，图像对比增强，色彩变亮。

知识提点：计算的概念

"计算"的结果，既不像图层与图层混合那样产生图层混合视觉上的变化，又不像"应用图像"那样让单一图层发生变化。"计算"工具实质是通道与通道间，采用"图层混合"的模式进行混合，产生新的选区，而这个选区是下一步操作所需要的。

4.4.3 去除产品反光

在商业产品摄影中，往往因为光线太强造成反光现象。通过曲线调整图层可以对反光部分进行局部调整，以恢复产品细节。

01 执行"文件 > 打开"命令，打开"Chapter4\4.4\4.4.3\Media\去除产品反光.jpg"图像。复制背景图层，生成"图层1"。

02 单击矩形选框工具按钮 ，框选口红右侧的反光区域，完成后右击选区，在弹出的羽化对话框中设置"羽化半径"为 20 像素，单击"确定"按钮。

03 单击"创建新的填充或调整图层"按钮 ，在弹出的快捷菜单中选择"曲线"命令，并拖曳线条调整图像，图像对比增强，色彩变暗。

04 单击曲线调整图层右侧的蒙版，然后结合画笔工具，在蒙版内适当涂抹黑色，隐藏右侧珠子上的部分曲线效果，使画面衔接更加自然。

05 单击矩形选框工具按钮 ，框选口红左侧耳环的反光区域，完成后右击选区，在弹出的羽化对话框中设置"羽化半径"为 20 像素，单击"确定"按钮。

06 单击"创建新的填充或调整图层"按钮 ，在弹出的快捷菜单中选择"曲线"命令，并拖曳线条调整图像，图像对比增强，色彩变暗，左侧耳环更加清晰。

07 单击"创建新的填充或调整图层"按钮 ，在弹出的快捷菜单中选择"色彩平衡"命令，拖曳滑块设置各项参数，图像色彩发生改变。

08 单击"创建新的填充或调整图层"按钮，在弹出的快捷菜单中选择"可选颜色"命令，分别设置"颜色"为"红色"和"洋红"，拖曳滑块设置各项参数，图像色彩发生改变。

4.4.4 修复曝光过度

商业照片的拍摄中，往往因为拍摄者的技术问题或者光线过强造成照片曝光过度的现象。曝光过度的照片往往都会丢失画面中亮部的细节，要恢复这些细节将非常困难。通过图层叠加和混合模式的方法进行操作，配合蒙版及调整图层调整细节，可以快速而完美地完成曝光过度照片的修复。

01 执行"文件 > 打开"命令，打开"Chapter4\4.4\4.4.4\ Media\ 修复曝光过度 .jpg"图像文件。

02 复制"背景"图层，生成"图层1"，设置"图层1"的混合模式为"正片叠底"，图像色调变得清晰。

03 按 Ctrl+Shift+Alt+E 组合键盖印图层，生成"图层2"。设置混合模式为"线性加深"，"不透明度"为 50%。

04 单击"添加图层蒙版"按钮，在添加的蒙版中适当涂抹黑色，隐藏部分图像，提亮高光。

05 单击"创建新的填充或调整图层"按钮，在弹出的快捷菜单中选择"亮度/对比度"命令，并设置各项参数，画面效果发生改变，增强了亮度和对比度。

06 单击"创建新的填充或调整图层"按钮，在弹出的快捷菜单中选择"自然饱和度"命令，并设置各项参数，画面效果发生改变，增强了画面浓度。

4.4.5 增强产品光影

在商业摄影中，往往因为光线过亮而造成产品拍摄光影效果不明显、图像整体对比不强。通过混合模式叠加图层，增强产品和光影质感，并通过调整图层增强光影对比。

01 执行"文件>打开"命令，打开"Chapter4\4.4\4.4.5\Media\增强产品光影.jpg"图像文件。

02 复制背景图层，生成"图层1"，设置"图层1"的混合模式为"正片叠底"，图像色调变清晰。

03 单击"添加图层蒙版"按钮，在添加的蒙版中适当涂抹黑色，隐藏部分图像，提亮高光。

04 按Ctrl+J组合键，复制"图层1"，生成"图层1副本"，图层直接再在"正片叠底"模式下进行叠加，图像效果发生改变。

05 单击"创建新的填充或调整图层"按钮 ，在弹出的快捷菜单中选择"曝光度"命令，并设置各项参数，画面效果发生改变。

06 单击"创建新的填充或调整图层"按钮 ，在弹出的快捷菜单中选择"亮度/对比度"命令，并设置各项参数，画面效果发生改变，增强了亮度和对比度。

07 单击"创建新的填充或调整图层"按钮 ，在弹出的快捷菜单中选择"曲线"命令，并拖曳线条调整图像，图像对比增强。

08 单击"创建新的填充或调整图层"按钮 ，在弹出的菜单中选择"色彩平衡"选项设置参数，调整画面的色调。

4.4.6 修复暗淡光影

商业照片摄影中，暗淡的光影图片常常出现。利用Photoshop各调整图层配合操作，可以快速地修复暗淡光影效果，提高图像质量。

01 执行"文件>打开"命令，打开"Chapter4\4.4\4.4.6\Media\修复暗淡光影.jpg"图像文件。

02 单击"创建新的填充或调整图层"按钮 ，在弹出的快捷菜单中选择"曲线"命令，并拖曳线条调整图像，图像色调变亮，对比增强。

03 单击"创建新的填充或调整图层"按钮，在弹出的快捷菜单中选择"亮度/对比度"命令，并设置各项参数，画面效果发生改变，增强了亮度和对比度。

04 单击"创建新的填充或调整图层"按钮，在弹出的快捷菜单中选择"色阶"命令，并设置各项参数，画面效果发生改变，增强了色调亮度。

05 单击"创建新的填充或调整图层"按钮，在弹出的快捷菜单中选择"色彩平衡"命令，并设置各项参数，画面效果发生改变。

06 按Ctrl+Shift+Alt+E组合键盖印图层，生成"图层1"。设置"图层1"的混合模式为"滤色"，"不透明度"为50％，暗淡光影得到修复。

4.4.7 修复光影强调产品质感

在商业产品的拍摄中，大多产品图片光影趋于平淡，不能凸显产品质感和光彩。可通过各调整图层、混合模式及蒙版的配合使用，修复光影效果，强调产品质感，以利于后期对产品的宣传。

01 执行"文件>打开"命令，打开"Chapter4\4.4\4.4.7\Media\修复光影强调产品质感.jpg"图像文件。

02 复制背景图层，生成"图层1"，设置"图层1"的混合模式为"滤色"，"不透明度"为50％。

03 单击"创建新的填充或调整图层"按钮，在弹出的快捷菜单中选择"亮度/对比度"命令，并设置各项参数，画面效果发生改变，增强了亮度和对比度。

04 单击"创建新的填充或调整图层"按钮，在弹出的快捷菜单中选择"曲线"命令，并拖曳线条调整图像，图像对比增强。

05 单击"创建新的填充或调整图层"按钮，在弹出的快捷菜单中选择"色阶"命令，并设置各项参数，画面效果发生改变，再次增强色调亮度。

06 设置"色阶1"的混合模式为"叠加"，"不透明度"为30%，图像效果发生改变。

07 单击"创建新的填充或调整图层"按钮，在弹出的快捷菜单中选择"曲线"命令，并拖曳线条调整图像，图像对比增强。

08 单击"添加图层蒙版"按钮，在添加的蒙版中适当涂抹黑色，隐藏耳环和紫色珠宝的部分图像，提亮高光。

4.4.8 去除照片紫边

　　前面章节我们讲过紫边的产生是由于相机镜头色效或CCD成像面积等，在拍摄过程中可能因为被摄体把关太大而导致高光与低光部位交界处出现紫边色斑现象。下面这张图片也是相同原因形成了紫边效果，我们将通过不同的方法进行去除。

01 执行"文件＞打开"命令，打开"Chapter4\4.4\4.4.8\Media\去除照片紫边.jpg"图像文件。

02 单击多边形套索工具按钮 ，在头盔边缘进行框选，将紫边图像载入选区。

03 单击"创建新的填充或调整图层"按钮 ，在弹出的快捷菜单中选择"色相/饱和度"命令，并在面板中选择"蓝色"选项，设置各项参数，画面效果发生改变。

04 单击"创建新的填充或调整图层"按钮 ，在弹出的快捷菜单中选择"色彩平衡"命令，并在面板中设置各项参数，画面色彩变浓。

05 按 Ctrl 键单击"色相/饱和度 1"后的蒙版区域，将蒙版载入选区。按 Ctrl+Shift+I 组合键对选区进行反选，选中头盔及前景。

06 单击"色彩平衡 1"的蒙版缩览图，填充黑色，完成后按 Ctrl+D 组合键取消选区，图像效果发生改变。

07 单击"色彩平衡 1"的蒙版缩览图，结合画笔工具，在蒙版中涂抹黑色，模糊前景与背景的边缘线条，前景与背景交接处变得自然。

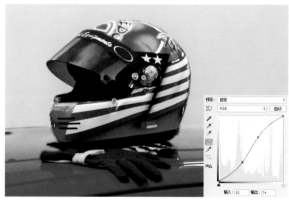

08 单击"创建新的填充或调整图层"按钮，在弹出的快捷菜单中选择"曲线"命令，并拖曳线条调整图像，图像对比增强。

09 按 Ctrl+Shift+Alt+E 组合键盖印图层，生成"图层 1"。执行"滤镜 > 模糊 > 高斯模糊"命令，在打开的对话框中设置各项参数，完成后单击"确定"按钮。

10 设置"图层 1"的混合模式为"滤色"，"不透明度"为 30 %，图像效果发生改变。

知识提点：去紫边技巧

　　除了运用蒙版及调整图层进行调整以外，通过修复画笔工具或者仿制图章工具同样可以为图像去除紫边。制作时要注意图像边缘的完整，尽量避免图像像素缺失。

4.5　修复老照片

　　许多珍贵的老照片由于时间太久、保管不善等，出现退色、污点、折痕、划痕等，使照片严重受损。其实，只要照片主体还完整，用Photoshop进行修复，照片就可光鲜如初。Photoshop 对修复图像方面实在下足了工夫，污点修复画笔工具、修复画笔工具、修补工具、仿制图章工具，这是修复旧照片最需要用到的四个工具。这四个工具虽然各有各的用处，但工作原理基本上相似。下面我们就四个工具做一些讲解，希望读者能够从中找到修复图像过程中适合自己的帮手。

4.5.1 修复老照片

　　对于一些久远的老照片，除了对色调进行调整以外，还需对图像的污渍杂点进行修复整理。处理时应根据画面不同，选择适当的修复工具，以达到最佳的修复效果。

01 执行"文件 > 打开"命令，打开"Chapter4\4.5\4.5.1\Media\修复老照片.jpg"图像文件。复制背景图层,生成"图层1"。

02 设置"图层1副本"的混合模式为"滤色"，"不透明度"为80%，整体画面变亮。

03 单击吸管工具按钮，在天空单击，沾取黄色，然后新建"图层2"。单击画笔工具按钮，设置画笔为"柔边圆"，在天空位置涂抹，使天空色调更整洁。

04 单击"创建新的填充或调整图层"按钮，在弹出的快捷菜单中选择"亮度/对比度"命令，并在面板中设置各项参数，图像效果发生改变。

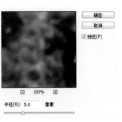

05 按 Ctrl+Shift+Alt+E 组合键盖印图层，生成"图层3"。执行"滤镜 > 模糊 > 高斯模糊"命令，在打开的对话框中设置各项参数，完成后单击"确定"按钮。

06 设置"图层3"的混合模式为"正片叠底"，"不透明度"为30%，画面效果发生改变。

07 再次盖印图层，生成"图层4"。单击污点修复画笔工具按钮 ✦，在画面杂点处涂抹以去除污渍。执行"图像＞调整＞阴影／高光"命令，在打开的对话框中设置各项参数，完成后单击"确定"按钮。

08 复制"图层4"，生成"图层4副本"。设置"图层4副本"的混合模式为"正片叠底"，"不透明度"为30%，画面效果发生改变。

09 单击"添加图层蒙版"按钮 ▢，运用画笔工具 ✔ 在添加的蒙版中适当涂抹，隐藏人物皮肤图像，提亮皮肤色泽。

10 单击"创建新的填充或调整图层"按钮 ◑，在弹出的快捷菜单中选择"曲线"命令，并拖曳线条调整图像，图像整体变亮。

4.5.2 还原照片光影

　　一些照片因为光线过明或过暗，造成照片的光影不明显、画面对比不强、画面效果不清晰、色调平淡缺乏艺术效果。在对照片进行光影还原时，可以通过混合模式对图像色调进行加深，然后运用调整图层调整画面色调，并通过蒙版涂抹增强局部光影。

01 执行"文件＞打开"命令，打开"Chapter4\4.5\4.5.2\Media\还原照片光影.jpg"图像文件。

02 复制背景图层，生成"图层1"。设置"图层1"的混合模式为"正片叠底"，图像色调变清晰。

03 单击"创建新的填充或调整图层"按钮，在弹出的快捷菜单中选择"曲线"命令，并拖曳线条调整图像，图像整体变亮。

04 单击"创建新的填充或调整图层"按钮，在弹出的快捷菜单中选择"自然饱和度"命令，并在面板中设置各项参数，画面效果发生改变。

05 单击"创建新的填充或调整图层"按钮，在弹出的快捷菜单中选择"照片滤镜"命令，并在面板中设置各项参数，画面效果发生改变。

06 在"照片滤镜1"的蒙版上单击，然后在蒙版内涂抹黑色，显示画面中间的食品图像，以强化四周的桌面光影和色调效果。

4.5.3 还原照片色调

对于一些照片色调有所偏差的照片，需要对图像效果进行调整，强化其色调的美感，结合匹配颜色命令和调整图层即可实现。

01 执行"文件>打开"命令，打开"Chapter4\4.5\4.5.3\Media\还原照片色调.jpg"图像文件。复制背景图层，生成"图层1"。

02 执行"图像>调整>匹配颜色"命令，在弹出的对话框中勾选"中和"，并拖曳滑块设置各项参数，完成后单击"确定"按钮。

03 单击"创建新的填充或调整图层"按钮 ，在弹出的快捷菜单中选择"自然饱和度"命令，并在面板中设置各项参数，画面效果发生改变。

04 单击"创建新的填充或调整图层"按钮 ，在弹出的快捷菜单中选择"曲线"命令，并拖曳线条调整图像，图像整体变亮。

05 单击"创建新的填充或调整图层"按钮 ，在弹出的快捷菜单中选择"照片滤镜"命令，并在面板中设置各项参数，画面效果发生改变。

06 单击"创建新的填充或调整图层"按钮 ，在弹出的快捷菜单中选择"亮度/对比度"命令，并在面板中设置各项参数，画面效果发生改变。

4.5.4 修复模糊老照片

对于一些年代久远、模糊的老照片，处理时除了需要进行色调和细节的调整以外，还需要对图像进行锐化处理，去除照片的模糊度，使照片焕然一新。

01 执行"文件 > 打开"命令，打开"Chapter4\4.5\4.5.4\Media\修复模糊老照片.jpg"图像文件。复制背景图层，生成"图层1"。

02 执行"滤镜 > 锐化 >USM 锐化"命令，在打开的对话框中设置各项参数，完成后单击"确定"按钮。

03 复制"图层1",生成"图层1副本"。设置"图层1"的混合模式为"滤色","不透明度"为50%,图像色调变清晰。

04 单击"创建新的填充或调整图层"按钮,在弹出的快捷菜单中选择"照片滤镜"命令,并在面板中设置各项参数,画面效果发生改变。

05 按 Ctrl+Shift+Alt+E 组合键盖印图层,生成"图层2"。单击修补工具按钮,勾选需要修补去除的图像范围,向右拖移选区至所需要的图像范围。

06 松开鼠标左键,图像自动进行修补,按 Ctrl+D 组合键取消选区,脸部的细小食物残被去除。

07 继续使用相同的方法运用修补工具,勾选孩子脸部区域的痘印杂点,并拖曳选区。拖移时注意色块的相近,然后松开鼠标左键,图像自动进行修补,完成后取消选区。

08 复制"图层2",生成"图层2副本"。执行"图像 > 调整 > 匹配颜色"命令,在弹出的对话框中勾选"中和",并拖曳滑块设置各项参数,完成后单击"确定"按钮。

知识提点:匹配颜色的用途

PhotoshopCS6的匹配颜色命令能够使一幅图像的色调与另一幅图像的色调自动进行匹配,这样就可以使不同图片拼合时达到色调统一,或者对照其他图像的色调修改自己的色调。

第 5 章 掌握专业调色技巧

Photoshop 中调色是最常用的也是最复杂的。调色的技巧和手段多种多样，如曲线、色彩平衡、色相／饱和度、可选颜色、图层混合模式、颜色通道、照片滤镜、通道混合器、匹配颜色等，根据画面的需要选择最适合的调色方法，就可轻松制作出完美的调色效果。其实只要掌握一些基本的方法，融会贯通、灵活运用，就可以得到各种漂亮的色彩效果，使整体画面更加完美。

5.1 调色10大技法

什么叫调色？调色就是将特定的色调运用各种方法加以改变，形成不同色感的另一种色调图片。Photoshop中调色的技巧多种多样，可以根据自己的需要选择最适合的一种调色方式，以达到快速准确的调色目的，制作出预期的图像效果。

5.1.1 曲线调色法

曲线是对RGB、红、蓝、绿四个通道进行调色。其中RGB是对图片整体进行变亮或变暗的调试；红通道调试上扬曲线时使图片变红，下降曲线变青色；蓝通道调试上扬曲线时使图片变蓝，下降曲线变黄色；绿通道调试上扬曲线时使图片变绿，下降曲线变品红色。这些色彩的变化主要是各自颜色的互补色。在曲线面板中，直线的两个端点分别表示图像的高光区域和暗调区域，直线的线条部分统称为中间调。两个端点可以分别调整，其结果是暗调或高光部分加亮或减暗；而改变中间调可以使图像整体加亮或减暗，但是明暗对比没有改变，色彩的饱和度增加，可以用来模拟自然环境光的强弱效果。

原图　　曲线 RGB 参数调整

曲线调整效果

曲线红通道参数向下调整

曲线红通道参数向上调整

曲线绿通道参数向下调整

曲线绿通道参数向上调整

曲线蓝通道参数向下调整

曲线蓝通道参数向上调整

在Photoshop中，可以在调整面板使用曲线，也可以执行"图像>调整>曲线"命令或使用"Ctrl+M"组合键打开色阶对话框。曲线被誉为"调色之王"，人们几乎都用它来替换所有的调色工具，它的色彩控制能力在PS所有调色工具中是最强大的。曲线过渡点平滑，在一次操作中就可精确地完成图像整体或局部的对比度、色调范围以及色彩的调节，甚至可让那些很糟的照片重新焕发光彩。

❶ "编辑点以修改曲线"按钮　　❷ "通过绘制来修改曲线"按钮
❸曲线编辑框　　　　　　　　　❹ "以四分之一增量显示网格"按钮
❺ "以10%增量显示详细网格"　❻显示栏

（1）曲线编辑框：曲线的水平轴表示原始图像的亮度，垂直轴表示处理后新图像的亮度，在曲线上单击可创建控制点。
（2）"编辑点以修改曲线"按钮☑：单击该按钮后拖曳曲线上的控制点可以调整图像。
（3）"通过绘制来修改曲线"按钮☑：单击该按钮后将光标移动到曲线编辑框中，当其变为铅笔形状✐时单击并拖曳，可以绘制需要的曲线调整图像。
（4）"以四分之一增量显示网格"按钮▦和"以10%增量显示详细网格"按钮：用于控制曲线编辑框中曲线部分的网格数量。
（5）显示栏：包括"通道叠加"、"基线"、"直方图"和"交叉线"四个复选框，只有勾选这些复选框才会在曲线编辑框里显示3个通道叠加以及基线、直方图或交叉线等效果。

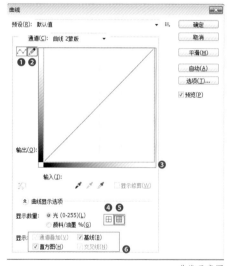

曲线示意图

5.1.2 色阶调色法

在photoshop中，可以在调整面板使用色阶，也可以执行"图像>调整>色阶"命令或使用"Ctrl+L"组合键打开色阶对话框。色阶是直方图形式，表现了一幅图的明暗关系，从左到右依次为阴影、中间调、色阶，可以用来调整图片的饱和度、色彩、明度对比度等。

色阶是表示图像亮度强弱的指数标准，即色彩指数。图像的色彩丰满度和精细度是由色阶决定的。色阶表示一张图片的色彩指数，也能表现一张图片的明暗关系。最亮的地方是白色，即255；最暗的地方是黑色，即0。色阶面板上，"输入色阶"代表修改前的参数，"输出色阶"代表修改后的参数。而直方图是数字图像学的术语，横坐标是灰度值，纵坐标就是比例。直方图显示阴影的细节，在直方图的左侧部分显示，中间调在中间显示，高光在右侧部分显示。

❶ "预设"下拉列表　❷ "通道"下拉列表　❸ 输入色阶　❹ 吸管　❺ 直方图　❻ 输出色阶

（1） "预设"下拉列表：在其中显示了常用调整的预先设定，如"较暗"、"较亮"、"中间调较亮"等，选择预设选项即可按照相应的预设参数快速调整图像颜色。

（2） "通道"下拉列表：不同颜色模式的图像，在"通道"下拉列表中显示的通道不同，用户可根据需要进行选择。

（3） "输入色阶"选项组：黑、灰、白滑块分别对应3个数值框，这3个数值框依次用于调整图像的暗调、中间调和高光。第一个取值范围为0~253，调整后图像中低于其数值的像素将变为黑色；第二个取值范围为0.10~9.99；第三个取值范围为2~255，调整后高于其数值的像素将变为白色。

（4） "输出色阶"选项组：用于调整图像的亮度和对比度，与其下方的两个滑块对应。黑色滑块表示图像的最暗值，白色滑块表示图像的最亮值，拖曳滑块调整最暗和最亮值即可实现亮度和对比度的调整。

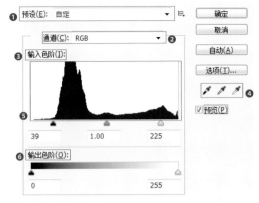

色阶示意图

色阶里有四个通道，RGB、红、绿、蓝。色阶直方图下面有黑、灰、白三个滑块，左边的黑色滑块代表纯黑，也就是阴影；中间的代表灰度，也就是中间调；右边的代表纯白，也就是高光。黑色滑块向右滑动，会增加阴影；白色滑块向左滑动，会增加亮度；在RGB通道里，灰色滑块向左滑动，会减少灰度，向右滑动，会增加灰度；在红通道里，灰色滑块向左滑动，会增加红色，向右滑动，会增加绿色；在绿通道里，灰色滑块向左滑动，会增加绿色，向右滑动，会增加洋红色；在蓝通道里，灰色滑块向左滑动，会增加蓝色，向右滑动，会增加黄色。

色阶面板上的吸管工具是色阶调色处理的另一利器。吸管工具分别是黑、灰、白三色吸管，其好处在于方便、快捷、可控制。根据每个图片的不同，可以选择吸取不同的色调来改变整体图片效果。

调整的数值不是绝对的，要根据图片的实例情况来调。大家在调整时也不要一次将数值调得太大，应该细心地进行微调，同时注意图片的调整变化，特别是红、绿、蓝这三个通道的色彩变化关系要记牢。

原图

RGB通道色阶调整

红通道色阶调整

绿通道色阶调整

蓝通道色阶调整

5.1.3 色彩平衡调色法

色彩平衡是图像处理Photoshop软件中的一个重要环节。通过对图像的色彩平衡处理，可以校正图像色偏，过饱和或饱和度不足的情况，也可以根据自己的喜好和制作需要调制需要的色彩，以更好地完成画面效果。

色彩平衡命令是指图像整体的颜色平衡效果，使用它可以在图像原色的基础上根据需要来添加其他颜色，或通过增加某种颜色的补色来减少该颜色的数量，从而改变图像的色调，达到纠正明显色偏的目的。它可以用来控制图像的颜色分布，同时色彩平衡命令计算速度快，适合调整较大的图像文件。

执行"图像>调整>色彩平衡"命令或按Ctrl+B组合键，打开"色彩平衡"对话框，也可通过图层面板上的"创建新的填充或调整图层"按钮 ●. 打开色彩平衡命令。

❶"色彩平衡"选项组 ❷"色调平衡"选项组

（1）"色彩平衡"选项组：在"色阶"数值框中输入数值即可调整RGB三原色到CMYK色彩模式之间对应的色彩变化，其取值在−90~100之间。也可直接拖动滑块来调整图像的色彩。

（2）"色调平衡"选项组：用于选择需要进行调整的色彩范围，包括"阴影"、"中间调"和"高光"3个单选按钮。单击某一个单选按钮，就可对相应色调的像素进行调整。勾选"保持明度"复选框，调整色彩时将保持图像亮度不变。

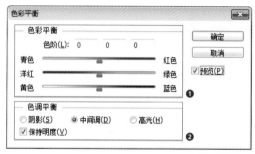

色彩平衡示意图

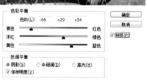

原图   中间调调整   阴影调整   高光调整

5.1.4 色相/饱和度调色法

色相由原色、间色和复色构成，用于形容各类色彩的样貌特征，如棕榈红、柠檬黄等。饱和度又称为纯度，指色彩的浓度，以色彩中所含同亮度中性灰度的多少来衡量。

使用"色相\饱和度"命令可以随意调整图像的颜色，并对图像色彩的浓度、色彩的明度进行调整，可以使图像的色彩更加饱满、色泽更为艳丽。通过参数面板中的预设颜色也可对图像中某种特定颜色进行调整，如红色、黄色等。拖曳参数面板中的滑块可以分别调整色相、饱和度、明度的数值。

在需要弱化色彩效果时，可以向左拖曳饱和度滑块降低饱和度来减弱色彩的鲜艳程度。而色相则向左向右都可以拖曳色相滑块以改变色彩。

执行"图像>调整>色相\饱和度"命令或按Ctrl+U组合键，打开"色相\饱和度"对话框，也可通过图层面板上的"创建新的填充或调整图层"按钮 打开色相\饱和度命令。这里对于相似的选项都不再介绍，只对特别的选项详细讲解。

❶"预设"下拉列表　　❷"色彩选择"下拉列表
❸色相、饱和度、明度选项　　❹"着色"复选框

（1）色相、饱和度、明度选项滑块：分别对图像的色相、饱和度、明度拖曳滑块进行调整，"饱和度"选项向左拖曳滑块则降低饱和度，向右则增强饱和度；"明度"选项向左拖曳滑块变暗，向右则提亮图像效果；而色相向左向右都可以拖曳色相滑块改变色彩。

（2）"着色"复选框：勾选"着色"复选框，将对图像着单一的色彩，同时拖曳色相、饱和度、明度选项滑块均可以对其色彩进行调整。

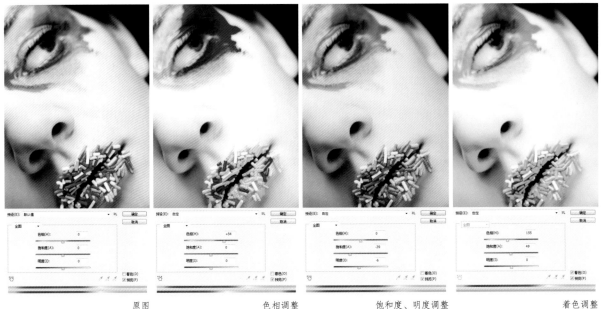

原图　　　　　　　　色相调整　　　　　　饱和度、明度调整　　　　　　着色调整

5.1.5 可选颜色调色法

可选颜色最初是专为印刷工设计的（它调整的都是CMYK及中性色值），就是在印刷前对一些色偏进行调整，以使图像颜色正常。但是在Photoshop里RGB下它也是可用的，所以可以把它当作一个调色命令来用，修正一些色偏或者用来打造一些特殊的效果。

可选颜色的工作原理是对限定颜色区域中各像素的青、洋红、黄、黑这4色油墨进行调整，从而在不影响其他颜色的基础上调整限定的颜色。使用"可选颜色"命令可以有针对性地调整图像中某个颜色或校正色彩平衡等颜色问题。

可选颜色的调整以RGB三原色来划分：红色、绿色、蓝色；以三原色的补色CMY来划分：黄色、青色、洋红。上面两组是以色度来划分的，以整体的亮度来划分：白色、黑色、中性色。

执行"图像>调整>可选颜色"命令或通过图层面板上的"创建新的填充或调整图层"按钮 ◎.打开"可选颜色"命令。

原图

可选颜色对红色的调整

可选颜色对蓝色的调整

可选颜色对黄色的调整

可选颜色对洋红的调整

5.1.6 图层混合模式调色法

图层混合模式决定了当前图层中的图像像素与下层像素进行混合的方式。图层面板中的"混合模式"下拉列表中，Photoshop提供了正常、溶解、变暗、正片叠底、颜色加深、线性加深、深色、变亮、滤色、颜色减淡、线性减淡、浅色、叠加、柔光、强光、亮光、线性光、点光、实色混合、差值、排除、减去、划分、色相、饱和度、颜色、明度共27种混合模式。

选择选项即可为当前图层应用相应的混合模式效果，通过改变图层的混合模式往往可以得到意想不到的特殊效果，为图像增色。

原图

正片叠底模式

线性加深模式

滤色模式

叠加模式

柔光模式

实色混合模式

排除模式

5.1.7 颜色通道调色法

Photoshop中的颜色通道，从概念上来讲与图层类似，是用来存放图像的颜色信息和选区信息的。用户可以通过调整通道中的颜色信息来改变图像的色彩，或对通道进行相应的编辑操作以调整图像或选区信息。

执行"窗口>通道"命令即可显示"通道"面板。默认情况下，"通道"面板中是没有通道的。在Photoshop中打开一个图像文件后，在"通道"面板中显示出以当前图像文件颜色模式为基础的相应通道。下面对"通道"面板中的按钮进行详细介绍。

❶ "指示通道可见性"按钮　　❷ "将通道作为选区载入"按钮
❸ "将选区存储为通道"按钮　　❹ "创建新通道"按钮
❺ "删除通道"按钮

（1）"指示通道可见性"按钮 ：当图标为 形状时，图像窗口显示该通道的图像，单击该图标，图标消失时则隐藏该通道的图像，再次单击即可显示通道图像。
（2）"将通道作为选区载入"按钮 ：单击该按钮可将当前通道快速转化为选区。
（3）"将选区存储为通道"按钮 ：单击该按钮可将图像中选区之外的图像转换为一个蒙版的形式，将选区保存在新建的Alpha通道中。
（4）"创建新通道"按钮 ：单击该按钮可创建一个新的Alpha通道。
（5）"删除通道"按钮 ：单击该按钮可删除当前通道。

颜色通道示意图

原图

通道是Photoshop重要的功能之一，它与图像的格式息息相关，同时也与图像颜色模式相关。颜色模式不同决定了通道的数量和模式。通道主要分为颜色通道、专色通道、Alpha通道和临时通道四种，这里主要讲解的是颜色通道。

对图像的处理有一大部分在于对图像颜色进行调整，而其次是编辑颜色通道。颜色通道是用来描述图像色彩信息的彩色通道，图像的颜色模式决定了通道的数量，"通道"面板上储存的信息也与之相关。每个单独的颜色通道都是一幅灰度图像，仅代表这个颜色的明暗变化。如RGB模式下会显示RGB、红、绿、蓝四个颜色通道；而CMYK模式下会显示CMYK、青、洋红、黄和黑五个颜色通道；灰度模式只显示一个灰度颜色通道；LAB模式下会显示LAB、明度、A和B四个通道。

颜色通道是在打开图像时就自动生成的，而其他类型的通道则都需要创建。选择通道的方式较为简单，在"通道"面板中单击即可选择一个通道，此时选择的通道呈深灰色显示，其他通道自动隐藏。此时可看到，图像呈黑、白、灰效果。颜色通道各个单独的通道模式都可以单独进行编辑。对通道编辑操作完成后，返回图层面板，可以看到在各个通道中编辑后生成的最终图像效果。

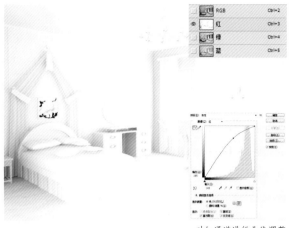

对红通道进行曲线调整

红通道调整后效果

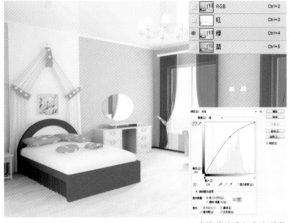

对绿通道进行曲线调整

绿通道调整后效果

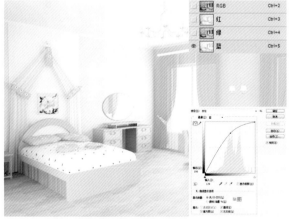

对蓝通道进行曲线调整

蓝绿通道调整后效果

5.1.8 照片滤镜调色法

照片滤镜命令的原理是通过颜色的冷暖色调来调整图像。使用照片滤镜可以在对话框下拉列表中选择预设好的选项对图像色调进行调整，同时还可以通过选择滤镜的颜色来选择自己需要的色调进行调整。

照片滤镜命令可以快速地在图像中添加某种色调的成分，改变图像的冷暖色调。通过设置照片滤镜的浓度可以改变色调的饱和程度，使用起来方便快捷，可以随心所欲地设置色调颜色。使用预设"加温滤镜（85）"，使图像呈现偏黄暖色调；使用预设"冷却滤镜（80）"，使图像呈现偏蓝冷色调。

执行"图像>调整>照片滤镜"命令或通过图层面板上的"创建新的填充或调整图层"按钮 ● .打开"照片滤镜"命令。

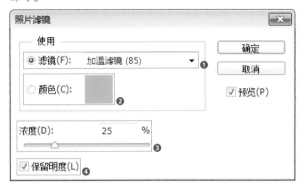

❶ "滤镜"下拉列表　❷ "颜色"选项
❸ "浓度"选项　❹ "保留明度"复选框

（1）"滤镜"下拉列表：可以选择各种滤镜模式对图像进行调整。

（2）"颜色"选项：选择"颜色"选项后，可以单击右侧的颜色框，并在弹出的"拾色器"对话框中选择适当的颜色作为照片滤镜的添加色调。

（3）"浓度"选项：在"浓度"选项中，可以直接在百分比选项框中输入"浓度"的百分比，也可以向左右拖曳滑块设置添加颜色的浓度，向左拖动是降低添加色彩的浓度，向右则是加深添加色彩的浓度，通过滑块设置将更加直观，可以通过预览选择最佳色彩浓度。

（4）"保留明度"复选框：勾选"保留明度"复选框，添加的色彩将在原有的明度基础上进行添加，不会失去图像原有的光泽，而取消勾选将会直接添加色彩，失去图像明度效果。通常情况下，会勾选该项以保留画面最佳效果。

原图

冷却滤镜（80）调整

照片滤镜颜色为红色

照片滤镜颜色为绿色

5.1.9 通道混合器调色法

使用"通道混合器"命令可将图像中某个通道的颜色与其他通道中的颜色进行混合，使图像产生合成效果，从而达到调整图像色彩的目的。它能快速地调整图像色相，赋予图像以不同的画面效果与风格。下面对其参数设置对话框中的一些重要选项进行介绍。

通道混合器示意图

❶"预设"下拉列表　❷"输出通道"下拉列表　❸"源通道"选项组
❹常数　　　　　　　　❺"单色"复选框

（1）"输出通道"下拉列表：在其中可以选择对某个通道进行混合。
（2）"源通道"选项组：拖曳滑块可减少或增加源通道在输出通道中所占的百分比，其取值范围为–200~200。
（3）常数：该选项可将一个不透明的通道添加到输出通道，若为负值视为黑通道，正值则视为白通道。
（4）"单色"复选框：勾选该复选框后可以对所有输出通道应用相同的设置，创建该色彩模式下的灰度图也可继续调整参数使灰度图像呈现不同的质感效果。

原图

输出通道为红色调整

输出通道为绿色调整

输出通道为蓝色调整

勾选"单色"复选框

5.1.10　匹配颜色调色法

"匹配颜色"命令是在基元相似性的条件下，运用匹配准则搜索线条系数作为同名点进行替换，可快速修正图像偏色的问题。

在匹配颜色的设置中，除了明亮度和颜色强度的调整外，渐隐选项的设置可使颜色变化更加自然，增加画面层次。

执行"图像>调整>匹配颜色"命令或通过图层面板上的"创建新的填充或调整图层"按钮 ◎.打开"匹配颜色"命令。

原图　　　　　　　　　　　　　　　　　　　　　　　　　　匹配颜色设置效果

5.2　阳光暖色系

阳光暖色系，顾名思义就是像阳光一样温暖的暖色色系。这种色调给人以活泼、兴奋、愉快的感受，在商业修片中常常会用到。众所周知，太阳光能给人带来温暖。久而久之，当人们看到红色、橙色和黄色时也相应地产生温暖感。海水和月光使人感觉清爽，于是人们看到青和青绿之类的颜色也相应会产生凉爽感。由此可见，色彩的温度感不过是人们的习惯反应，是人们长期实践的结果。如红色、橙色、黄色为暖色，象征着太阳与火焰，给人以热情的感受。本小节通过各种暖色系的商业修片，来展示阳光暖色系的唯美与热情。

温暖阳光色　　　　　　　　　　　　　　　朦胧柔美　　　　　　　　　　　　　　　米色

粉嫩可爱　　　　　　　　　　　　　　　　　　柔美橙色调

时尚大片　　　　　　　　　　　　　　　　　　古铜艺术

5.2.1 温暖阳光色

越是贴近生活、越是当下流行的风格，就越能激起大家的共鸣，自然会人气更旺。就拿大家上网的自拍来说，显然最符合夏季特征的就是灿烂的阳光。可是对于非专业摄影师的我们来讲，并不是每张照片都能很好地表现当下的光线，那今天就教大家利用Photoshop后期打造温暖阳光色调吧！

01 执行"文件 > 打开"命令, 打开"Chapter 5\5.2\5.2.1\Media\温暖阳光色 .jpg"图像文件。

02 复制"背景"图层, 生成"图层 1"。 设置"图层 1"的混合模式为"滤色", "不透明度"为 50%, 图像效果发生改变。

03 设置前景色为粉红色(R255、G121、B151), 新建"图层 2", 按 Alt+Delete 组合键填充图层。

04 设置"图层 2"的混合模式为"柔光", "不透明度"为 17%, 图像效果发生改变。

05 新建"图层 3", 填充图层为蓝色(R6、G0、B255)。设置"图层 3"的混合模式为"差值", "不透明度"为 14%, 图像效果发生改变。

06 新建"图层 4", 填充图层为蓝色(R255、G204、B0)。 设置"图层 4"的混合模式为"柔光", "不透明度"为 51%, 图像效果发生改变。

知识提点：创建高光选区

　　按Ctrl+Shift+Alt+2组合键即可自动对图像进行分析，并将高光区域自动选取出来，有利于对图像高光进行单独的修正和调整。

07 按 Ctrl+Shift+Alt+2 组合键创建高光选区，图像自动生成高光选区范围。

08 新建"图层 5"，填充图层为黄色（R253、G254、B202）。完成后按 Ctrl+D 组合键取消选区。

09 设置"图层 4"的混合模式为"颜色加深"，图像效果发生改变。

10 单击"创建新的填充或调整图层"按钮，在弹出的快捷菜单中选择"色阶"命令，并设置各项参数，画面效果发生改变，增强了色调亮度。

11 单击"创建新的填充或调整图层"按钮，在弹出的快捷菜单中选择"亮度/对比度"命令，并设置各项参数，画面效果发生改变。

12 新建"图层6"，设置前景色为黄色（R255、G196、B46），单击画笔工具按钮☑，在属性栏上选择"柔角"笔刷，然后在画面左上角绘制黄色色块。

13 设置"图层6"的混合模式为"浅色"，图像效果发生改变。

14 按Ctrl+Shift+Alt+E组合键盖印图层，生成"图层7"。设置前景色为黄色（R255、G255、B212），单击画笔工具按钮，在属性栏上选择"柔角"笔刷，"模式"为"颜色减淡"，"不透明度"为8%，然后在画面上绘制黄色高光。

15 执行"滤镜>渲染>镜头光晕"命令，在打开的对话框中点选"50-300毫米变焦"，并在图像处单击选择光晕位置，完成后单击"确定"按钮。至此，本案例制作完成。

5.2.2 朦胧柔美

生活中总会有一些唯美的情节发生，唯美的画面总是需要搭配朦胧柔美的氛围来表现。下面我们通过一张唯美的婚纱照来学习朦胧柔美的照片处理方法。

01 执行"文件＞打开"命令，打开"Chapter 5\5.2\5.2.2Media\朦胧柔美.jpg"图像文件。

02 复制"背景"图层，生成"图层 1"。设置"图层 1"的混合模式为"滤色"，"不透明度"为 50%，图像效果发生改变。

03 单击"创建新的填充或调整图层"按钮，在弹出的快捷菜单中选择"色彩平衡"命令，并设置各项参数，画面效果发生改变。

04 单击画笔工具按钮，在"色彩平衡 1"图层的蒙版中适当涂抹黑色，隐藏女孩头发区域，显示原本的发色。

05 单击"创建新的填充或调整图层"按钮，在弹出的快捷菜单中选择"色相／饱和度"命令，并设置各项参数，画面效果发生改变。

06 单击"创建新的填充或调整图层"按钮，在弹出的快捷菜单中选择"亮度／对比度"命令，并设置各项参数，画面效果发生改变。

07 单击"创建新的填充或调整图层"按钮 ⊙，在弹出的快捷菜单中选择"色阶"命令，并设置各项参数，画面效果发生改变。

知识提点：可选颜色操作技巧

使用"可选颜色"命令可以有针对性地调整图像中某个颜色或校正色彩平衡等颜色问题。而这里主要对人物皮肤和头发的红色调和蓝色服装进行调整，选择"颜色"时学会有针对性地选择需要调整的色彩，以使图像效果更加协调出彩。

08 单击"创建新的填充或调整图层"按钮 ⊙，在弹出的快捷菜单中选择"可选颜色"命令，并在"红色"、"蓝色"和"中性色"选项中分别拖曳滑块，并设置各项参数，画面效果发生改变。

09 单击画笔工具按钮 ✐，在"选取颜色 1"图层的蒙版中适当涂抹黑色，隐藏女孩头发区域，显示原本的发色。

10 按 Ctrl+Shift+Alt+E 组合键盖印图层，生成"图层 2"。在通道面板中选择"红通道"，按 Ctrl+L 组合键调整色阶，完成后单击"确定"按钮。

11 单击 RGB 通道，返回图层面板，图像效果发生改变。设置"图层 2"的混合模式为"滤色"，"不透明度"为 30%。

12 新建"图层3",设置前景色为黄色(R255、G255、B212),单击画笔工具按钮☑,在属性栏上选择"柔角"笔刷,然后在画面上绘制黄色亮点。

13 设置"图层2"的混合模式为"颜色减淡","不透明度"为50%,图像效果发生改变。

14 新建"图层4",设置前景色为白色,单击画笔工具按钮☑,在画笔预设中设置各项参数,然后在画面上绘制白色亮点。

15 设置"图层4"的混合模式为"叠加",图像效果发生改变。

16 按Ctrl+Shift+Alt+E组合键盖印图层,生成"图层5"。执行"滤镜>模糊>高斯模糊"命令,在打开的对话框中设置"半径"为5像素,完成后单击"确定"按钮。

17 设置"图层5"的混合模式为"正片叠底","不透明度"为70%,图像效果发生改变。至此,本案例制作完成。

5.2.3 粉嫩可爱

　　看到粉嫩可爱这个词，就会想到婴儿和少女可爱漂亮的粉色系列。对于这样的图片，我们在处理时需要强调物件粉嫩可爱的质感，柔化粉色系。

01 执行"文件＞打开"命令，打开"Chapter 5\5.2\5.2.3Media\粉嫩可爱.jpg"图像文件。

02 复制背景图层，生成"图层1"。设置"图层1"的混合模式为"滤色"，图像效果发生改变。

03 单击"创建新的填充或调整图层"按钮 ⊙.，在弹出的快捷菜单中选择"亮度/对比度"命令，并设置各项参数，画面效果发生改变。

04 单击"创建新的填充或调整图层"按钮 ⊙.，在弹出的快捷菜单中选择"曝光度"命令，并设置各项参数，画面效果发生改变。

05 单击"创建新的填充或调整图层"按钮，在弹出的快捷菜单中选择"照片滤镜"命令，并设置各项参数，画面效果发生改变。

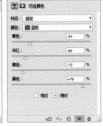

06 单击"创建新的填充或调整图层"按钮，在弹出的快捷菜单中选择"可选颜色"命令，并在"黄色"和"蓝色"选项中分别拖曳滑块，设置各项参数，画面效果发生改变。

07 按Ctrl+Shift+Alt+E组合键盖印图层，生成"图层2"。在通道面板中选择"红通道"，按Ctrl+L组合键调整色阶，完成后单击"确定"按钮。

08 单击RGB通道，返回图层面板，图像效果发生改变。

09 复制"图层2",生成"图层2副本"。执行"滤镜 > 模糊 > 高斯模糊"命令,在打开的对话框中设置"半径"为5像素,单击"确定"按钮。

10 设置"图层2副本"的混合模式为"滤色","不透明度"为50%,图像效果发生改变。至此,本案例制作完成。

5.2.4 柔美橙色调

一些暗淡的商业摄影照片需要加入某一色调来进行调整,以使画面更加柔美。下面案例中的小棕熊就以可爱的形象吸引着大众眼球,而柔美橙色调的处理将使照片效果更加出彩。

01 执行"文件 > 打开"命令,打开"Chapter 5\5.2\5.2.4\Media\柔美橙色调.jpg"图像文件。

02 单击"创建新的填充或调整图层"按钮 ,在弹出的快捷菜单中选择"曝光度"命令,并设置各项参数,画面效果发生改变。

03 单击"创建新的填充或调整图层"按钮，在弹出的快捷菜单中选择"亮度/对比度"命令，并设置各项参数，画面效果发生改变。

04 单击"创建新的填充或调整图层"按钮，在弹出的快捷菜单中选择"色彩平衡"命令，并设置各项参数，画面效果发生改变。

05 单击"创建新的填充或调整图层"按钮，在弹出的快捷菜单中选择"照片滤镜"命令，并设置各项参数，画面效果发生改变。

06 单击"创建新的填充或调整图层"按钮，在弹出的快捷菜单中选择"可选颜色"命令，并在"红色"和"黄色"选项中分别拖曳滑块，设置各项参数，画面效果发生改变。至此，本案例制作完成。

5.2.5 唯美时尚

　　商业摄影中，大多图像原片都平淡无奇，缺乏唯美时尚的格调，这就需要我们通过Photoshop后期来进行打造。下面我们将一张平淡的建筑摄影通过各项操作，制作出唯美时尚的图像效果，使画面更具艺术性。

01 执行"文件 > 打开"命令，打开"Chapter 5\5.2\5.2.5\Media\唯美时尚 .jpg"图像文件。

02 单击渐变工具按钮，设置前景色为蓝色（R145、G185、B207），背景色为黄色（R252、G252、B203），新建"图层 1"，然后从上至下绘制渐变。

03 隐藏"图层 1"，选择背景图层，单击魔棒工具按钮，按 Shift 键在画面中连续单击背景图像，选中背景天空区域。

04 单击"添加图层蒙版"按钮，为"图层 1"添加蒙版，将选区载入蒙版内，图像发生改变。

05 单击"创建新的填充或调整图层"按钮 ◎.，在弹出的快捷菜单中选择"照片滤镜"命令，并设置各项参数，画面效果发生改变。

06 单击"照片滤镜1"上的蒙版，设置前景色为黑色，单击画笔工具按钮 ✐.，在属性栏上选择"柔角"笔刷，"不透明度"为20%，然后在蒙版上方涂抹，隐藏部分图像，天空显示为蓝色。

07 单击"创建新的填充或调整图层"按钮 ◎.，在弹出的快捷菜单中选择"色相/饱和度"命令，并设置各项参数，画面效果发生改变。

08 单击"创建新的填充或调整图层"按钮 ◎.，在弹出的快捷菜单中选择"色彩平衡"命令，并设置各项参数，画面效果发生改变。

09 单击"色彩平衡1"上的蒙版，设置前景色为黑色，单击画笔工具按钮 ✐.，在属性栏上选择"柔角"笔刷，"不透明度"为100%，然后在蒙版上方涂抹，隐藏部分图像，恢复天空原有的蓝色。

10 单击"创建新的填充或调整图层"按钮 ◎.，在弹出的快捷菜单中选择"曲线"命令，并设置各项参数，画面效果发生改变。

11 单击"曲线1"上的蒙版，设置前景色为黑色，单击画笔工具按钮，在属性栏上选择"柔角"笔刷，"不透明度"为20%，然后在蒙版上方涂抹，隐藏部分图像，天空显示为蓝色。

12 单击"创建新的填充或调整图层"按钮，在弹出的快捷菜单中选择"色相/饱和度"命令，并设置各项参数，画面效果发生改变。

13 单击"色相/饱和度1"上的蒙版，设置前景色为黑色，单击画笔工具按钮，在属性栏上选择"柔角"笔刷，"不透明度"为50%，然后在蒙版上方涂抹，隐藏部分图像。

14 单击"创建新的填充或调整图层"按钮，在弹出的快捷菜单中选择"亮度/对比度"命令，并设置各项参数，画面效果发生改变。

15 新建"图层2"，运用画笔工具，在画面下方绘制黄色，设置其混合模式为"线性光"，"不透明度"为20%。至此，本案例制作完成。

5.2.6 淡雅米黄色

　　淡雅的米黄色调更能表现画面的温馨，表达一种恬静、唯美、柔和的图像氛围。在人物摄影修片中常常会用到它，制作方法轻松快捷。下面我们就来看看怎么制作淡雅米黄色调。

01 执行"文件>打开"命令，打开"Chapter 5\5.2\5.2.3\Media\淡雅米黄色 .jpg"图像文件。

02 复制背景图层，生成"图层 1"。设置"图层 1"的混合模式为"滤色"，图像效果发生改变。

03 新建"图层 2"，设置前景色为蓝色（R145、G185、B207），按 Alt+Delete 组合键填充颜色。

04 设置"图层 2"的混合模式为"颜色加深"，"不透明度"为 80%，图像效果发生改变。

05 单击"添加图层蒙版"按钮 ，为"图层2"添加蒙版，结合画笔工具 在蒙版中适当涂抹，图像发生改变。

06 单击"创建新的填充或调整图层"按钮 ，在弹出的快捷菜单中选择"亮度/对比度"命令，并设置各项参数，画面效果发生改变。

07 单击"创建新的填充或调整图层"按钮 ，在弹出的快捷菜单中选择"照片滤镜"命令，并设置各项参数，画面效果发生改变。

08 单击"创建新的填充或调整图层"按钮 ，在弹出的快捷菜单中选择"可选颜色"命令，并在"黄色"和"蓝色"选项中分别拖曳滑块，设置各项参数，画面效果发生改变。

5.2.7 时尚大片

看了太多的日系小清新色调，有想过尝试学会处理浓郁色调的技巧吗？就如好莱坞大片般的情景感呈现。在动手处理一张照片的时候，一定要先静下心来思考这张片子的优点与不足。这点非常重要，将决定你后期的方向及其表达出来的效果。

01 执行"文件＞打开"命令，打开"Chapter 5\5.2\5.2.3\Media\时尚大片.jpg"图像文件。

02 单击"创建新的填充或调整图层"按钮，在弹出的快捷菜单中选择"亮度／对比度"命令，并设置各项参数，画面效果发生改变。

03 按Ctrl+Shift+Alt+E组合键盖印图层，生成"图层1"。执行"图像＞调整＞阴影／高光"命令，在弹出的对话框中设置各项参数，单击"确定"按钮。

04 单击"创建新的填充或调整图层"按钮，在弹出的快捷菜单中选择"曲线"命令，并设置各项参数，画面效果发生改变。

单击"曲线1"上的蒙版，选中"曲线1"蒙版，结合画笔工具 在蒙版中适当涂抹，图像发生改变。

单击"创建新的填充或调整图层"按钮 ，在弹出的快捷菜单中选择"照片滤镜"命令，并设置各项参数，画面效果发生改变。

单击"色相/饱和度1"上的蒙版，设置前景色为黑色，单击渐变工具按钮 ，在属性栏设置黑色到透明色的线性渐变，设置完成后从左下角向右上角填充画面，隐藏部分图像。

单击"创建新的填充或调整图层"按钮 ，在弹出的快捷菜单中选择"渐变填充"命令，并设置各项参数，画面效果发生改变。

设置"渐变填充1"调整图层的混合模式为"柔光"，蓝色色块变得柔和，图像效果发生改变。

单击"创建新的填充或调整图层"按钮 ，在弹出的快捷菜单中选择"色彩平衡"命令，并设置各项参数，画面效果发生改变。

11 新建"图层2",填充为黑色。执行"滤镜 > 转化为智能滤镜"命令,将图层转化为智能对象。

12 执行"滤镜 > 渲染 > 镜头光晕"命令,在弹出的对话框中选择光晕的位置,并设置各项参数,完成后单击"确定"按钮。

13 设置"图层2"的混合模式为"线性减淡","不透明度"为90%,图像效果发生改变。

14 单击"图层2"上的蒙版,设置前景色为黑色,单击画笔工具按钮,在属性栏上设置"不透明度"为50%,然后在蒙版上涂抹,隐藏部分图像。

15 新建"图层3",设置前景色为白色,单击画笔工具按钮,顺着光线在画面上绘制白色倾斜的线条,完成后适当调整色块位置。

16 单击"添加图层蒙版"按钮,为"图层1"添加蒙版。单击渐变工具按钮,在蒙版左侧绘制"黑色至透明"渐变,隐藏部分图像。

17 执行"滤镜 > 模糊 > 动感模糊"命令，在弹出的对话框中设置各项参数，完成后单击"确定"按钮，画面增加了白色光线的效果。

18 设置"图层3"的混合模式为"叠加"，图像效果发生改变。

19 新建"图层4"，单击渐变工具按钮，设置前景色为黄色（R255、G216、B34），然后在蒙版右侧绘制"黄色至透明"渐变，增强光线效果。

20 设置"图层4"的混合模式为"柔光"，"不透明度"为34%，图像效果发生改变。

21 新建"图层5"，单击渐变工具按钮，然后在画面中绘制渐变。

22 设置"图层5"的混合模式为"叠加"，"不透明度"为45%，图像效果发生改变。

23 按 Ctrl+Shift+Alt+E 组合键盖印图层，生成"图层6"。单击画笔工具按钮 ，在属性栏上设置"混合模式"为"颜色减淡"，"不透明度"为10%，然后在人物皮肤上涂抹。

24 单击"创建新的填充或调整图层"按钮 ，在弹出的快捷菜单中选择"可选颜色"命令，并在"黄色"选项中拖曳滑块，设置各项参数，画面效果发生改变。

25 单击"选取颜色1"上的蒙版，设置前景色为黑色，单击画笔工具按钮 ，然后在蒙版上适当涂抹，隐藏皮肤部分图像。

26 新建"图层7"，单击渐变工具按钮 ，设置前景色为橙色（R255、G216、B34），然后为画面填充橙色到透明色的线性渐变，增加色调。

27 设置"图层4"的混合模式为"叠加"，"不透明度"为28%。单击"添加图层蒙版"按钮 ，并在蒙版内适当涂抹隐藏图像。

28 按 Ctrl+Shift+Alt+E 组合键盖印图层，生成"图层8"。执行"滤镜 >锐化 >USM 锐化"命令，并设置各项参数，完成后单击"确定"按钮。

29 单击"创建新的填充或调整图层"按钮 ◎ ，在弹出的快捷菜单中选择"曲线"命令，并拖曳线条设置各项参数，画面效果发生改变。

30 单击"曲线1"上的蒙版，选中"曲线2"蒙版缩览图，单击渐变工具按钮 ■ ，在属性栏上设置"黑色到白色"线性渐变，然后在蒙版右侧拉取渐变，图像效果发生改变。至此，本案例制作完成。

知识提点：蒙版内渐变涂抹

在蒙版内进行渐变涂抹，是在画面需要柔和渐变色调时操作。渐变工具相比于画笔工具，可以做到更简单快速达到渐变的效果，同时多次渐变涂抹可以抹出更适合的渐变图像。

5.2.8 古铜艺术

古铜艺术主要是指将图片色调调整至古铜色，使整体图片效果更加个性、时尚，并别具意味。古铜艺术是影楼人物修片中经常会运用的图像处理方式，操作方法多种多样，但最终结果只有一个，即让图像效果更加艺术唯美。

01 执行"文件＞打开"命令，打开"Chapter 5\5.2\Media\卷发.jpg"图像文件。复制背景图层，生成"图层1"，单击快速选择工具按钮 ✎ ，按Shift 键在人物皮肤上连续单击，选择人物的皮肤区域。

知识提点：叠加模式

叠加模式在合成后，图中有些区域变暗有些区域变亮。一般来说，发生变化的都是中间色调，高色和暗色区域基本保持不变。

02 单击"添加图层蒙版"按钮 ▣ ，为"图层1"添加蒙版。复制"图层1"，生成"图层1副本"，右击蒙版图层，选择"应用图层蒙版"命令。

03 执行"滤镜 > 模糊 > 表面模糊"命令，在弹出的对话框中设置各项参数，完成后单击"确定"按钮。重复两次按 Ctrl + F 组合键，反复运用表面模糊滤镜，使人物皮肤更光滑。

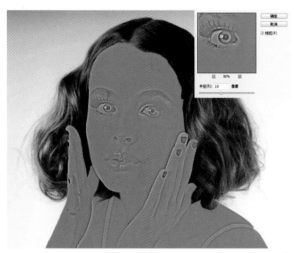

04 复制"图层1副本"，生成"图层1副本2"。执行"滤镜 > 其他 > 高反差保留"命令，在弹出的对话框中拖曳滑块，设置"半径"参数，完成后单击"确定"按钮，图像出现灰色的高反差图效。

05 设置"图层1副本2"的混合模式为"叠加"，"不透明度"为50%，图像效果发生改变。

06 单击"创建新的填充或调整图层"按钮 ◑ ，在弹出的对话框中应用"曝光度"命令，并拖曳滑块适当设置各项参数，画面效果发生改变。

07 单击"创建新的填充或调整图层"按钮 ◑ ，在弹出的对话框中应用"可选颜色"命令，并拖曳滑块适当设置各项参数，画面效果发生改变。

08 新建"图层 2",设置前景色为黄色(R127、G118、B51),按 Alt+Delete 组合键填充图层,完成后设置"图层 2"的混合模式为"强光",不透明度为 50%,图像效果发生改变。

09 单击"创建新的填充或调整图层"按钮 ◎,在弹出的对话框中应用"曲线"命令,并拖曳滑块适当设置各项参数,画面效果发生改变。

10 单击"创建新的填充或调整图层"按钮 ◎,在弹出的对话框中应用"色彩平衡"命令,并拖曳滑块适当设置各项参数,画面效果发生改变。

11 按 Ctrl+Shift+Alt+E 组合键盖印图层,生成"图层 3"。执行"滤镜 > 渲染 > 镜头光晕"命令,在弹出的对话框中勾选"35 毫米聚焦",设置"亮度"参数,完成后单击"确定"按钮,图像出现唯美的光晕效果。至此,本案例制作完成。

知识提点:镜头光晕

　　镜头光晕特效是用来创建真实效果的操作系统,制作各种光芒、镜头光斑和发光发热效果,并且可以针对灯光和场景中的物体产生作用。

5.2.9 香甜浓郁

　　在一些食品的商业摄影中,色彩的通透感及浓度是表现食物可口质感的必备要素,同时光影对比度的调整更能将食物本身的香甜浓郁质感轻松表现出来。

01 执行"文件>打开"命令，打开"Chapter 5\5.2\5.2.9\Media\香浓甜郁.jpg"图像文件。

02 单击"创建新的填充或调整图层"按钮 ◉.，在弹出的对话框中应用"曲线"命令，并拖曳滑块适当设置各项参数，画面效果发生改变。

03 单击"创建新的填充或调整图层"按钮 ◉.，在弹出的对话框中应用"亮度/对比度"命令，并拖曳滑块适当设置各项参数，画面效果发生改变。

04 单击"创建新的填充或调整图层"按钮 ◉.，在弹出的快捷菜单中选择"可选颜色"命令，并在"红色"选项中拖曳滑块，设置各项参数，画面效果发生改变。

单击"选取颜色 1"上的蒙版，选中"选取颜色 1"蒙版缩览图，单击画笔工具按钮，然后在蒙版上适当涂抹，隐藏部分图像，图像效果发生改变。

单击"创建新的填充或调整图层"按钮，在弹出的对话框中应用"亮度 / 对比度"命令，并拖曳滑块适当设置各项参数，画面效果发生改变。

单击"创建新的填充或调整图层"按钮，在弹出的对话框中应用"色阶"命令，并拖曳滑块适当设置各项参数，画面效果发生改变。

按 Ctrl+Shift+Alt+E 组合键盖印图层，生成"图层 1"。执行"图像 > 调整 > 阴影 / 高光"命令，在弹出的对话框中设置各项参数。

单击"创建新的填充或调整图层"按钮，在弹出的对话框中应用"色相 / 饱和度"命令，并拖曳滑块适当设置各项参数，画面效果发生改变。

10 单击"创建新的填充或调整图层"按钮 ，在弹出的快捷菜单中选择"可选颜色"命令，并在"红色"和"黄色"选项中分别拖曳滑块，设置各项参数，画面效果发生改变。

11 单击"创建新的填充或调整图层"按钮 ，在弹出的对话框中应用"色相/饱和度"命令，并拖曳滑块适当设置各项参数，画面效果发生改变。

12 单击"色相/饱和度1"上的蒙版，选中蒙版缩览图，单击画笔工具按钮 ，然后在蒙版上适当涂抹，隐藏部分图像。至此，本案例制作完成。

5.2.10 明媚婉约色

明媚婉约色通常用来表现一种唯美、淡雅的图像色调，除了风景，更多表现人物的一种恬静、优美的风格。

01 执行"文件＞打开"命令，打开"Chapter 5\5.2\5.2.10\Media\明媚婉约色.jpg"图像文件。

02 单击"创建新的填充或调整图层"按钮，在弹出的对话框中应用"曝光度"命令，并拖曳滑块适当设置各项参数，画面效果发生改变。

03 单击"创建新的填充或调整图层"按钮，在弹出的对话框中应用"亮度/对比度"命令，并拖曳滑块适当设置各项参数，画面效果发生改变。

04 单击"创建新的填充或调整图层"按钮，在弹出的对话框中应用"自然饱和度"命令，并拖曳滑块适当设置各项参数，画面效果发生改变。

05 单击"创建新的填充或调整图层"按钮，在弹出的对话框中应用"色彩平衡"命令，并拖曳滑块适当设置各项参数，画面效果发生改变。

06 单击"创建新的填充或调整图层"按钮，在弹出的对话框中应用"照片滤镜"命令，选择"黄"滤镜，并拖曳滑块设置参数，画面效果发生改变。

07 单击"照片滤镜1"上的蒙版，选中蒙版缩览图，单击画笔工具按钮，然后在蒙版上适当涂抹，隐藏部分图像。

08 单击"创建新的填充或调整图层"按钮，在弹出的快捷菜单中选择"可选颜色"命令，并在"黄色"和"青色"选项中分别拖曳滑块，设置各项参数，画面效果发生改变。至此，本案例制作完成。

5.3　经典冷色系

蓝色、绿色、紫色都属于冷色系，冬天色系和夏天色系通常都是用冷色系的颜色。经典冷色系的图片具备了精致、典雅、冷艳的美感。在商业摄影中，青色、青绿色、青紫色，让人感到安静、沉稳、踏实。因此根据画面氛围的不同，经常会需要制作冷色系的图像，以达到更完美的图像意境。

5.3.1　时尚高调

时尚高调指的是具备时尚气息，色调鲜明，视觉冲击力较强的图片效果。在制作时注意色调的层次与变化，同时与背景拉开距离，强调主体。

01 执行"文件>打开"命令，打开"Chapter 5\5.3\5.3.1\Media\时尚高调.jpg"图像文件。单击钢笔工具按钮，勾勒人物路径。

02 复制背景图层，生成"图层1"。按 Ctrl+Enter 组合键将路径转化为选区，单击"添加图层蒙版"按钮，将选区载入蒙版，隐藏背景图层。

03 在背景图层上新建"图层2"，单击画笔工具按钮，分别设置前景色为深浅不同的灰色，在画面中绘制灰色背景，注意背景的深浅变化。

04 复制"图层1"，生成"图层1副本"，将其拖至"图层1"的下层。右击蒙版缩览图，在弹出的快捷菜单中选择"应用图层蒙版"命令。执行"滤镜>模糊>高斯模糊"命令，在打开的对话框中设置"半径"为8像素，完成后单击"确定"按钮，人物模糊。

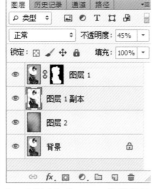

05 设置"图层1副本"的"不透明度"为45%，模糊效果变得自然。

06 单击"创建新的填充或调整图层"按钮，在弹出的对话框中应用"色相/饱和度"命令，并拖曳滑块适当设置各项参数，画面效果发生改变。

07 单击"创建新的填充或调整图层"按钮 ⊙ ，在弹出的对话框中应用"色相/饱和度"命令，并拖曳滑块适当设置各项参数。重命名图层为"头部饱和度"，在该图层蒙版缩览图上单击，并结合画笔工具 ✐ 适当涂抹，隐藏头部以外图像。

08 单击"创建新的填充或调整图层"按钮 ⊙ ，在弹出的对话框中应用"曲线"命令，并拖曳线条适当设置各项参数。重命名图层为"局部高光"，在该图层蒙版缩览图上单击，并结合画笔工具 ✐ 适当涂抹，隐藏部分图像。

09 单击"创建新的填充或调整图层"按钮 ⊙ ，在弹出的对话框中应用"曲线"命令，并拖曳线条适当设置各项参数。重命名图层为"局部高光"，在该图层蒙版缩览图上单击，并结合画笔工具 ✐ 适当涂抹，隐藏部分图像。

10 单击"创建新的填充或调整图层"按钮 ⊙ ，在弹出的对话框中应用"曲线"命令，并拖曳线条适当设置各项参数。重命名图层为"暗部加强"，在该图层蒙版缩览图上单击，并结合画笔工具 ✐ 适当涂抹，隐藏部分图像。

11 单击"创建新的填充或调整图层"按钮 ⊙ ，在弹出的对话框中应用"曲线"命令，并拖曳线条适当设置各项参数。重命名图层为"暗部加强"，在该图层蒙版缩览图上单击，并结合画笔工具 ✐ 适当涂抹，隐藏部分图像。

12 单击"创建新的填充或调整图层"按钮 ⊙ ，应用"亮度/对比度"命令，并拖曳滑块适当设置各项参数。重命名图层为"局部增强对比"，在该图层蒙版缩览图上单击，并结合画笔工具 ✐ 适当涂抹，隐藏部分图像。至此，本案例制作完成。

5.3.2 波卡蓝黄色

波卡蓝黄色调是以蓝色和黄色为主体，色调艳丽，具备异域风情，在很多风景商业摄影中常常会用到。

01 执行"文件 > 打开"命令，打开"Chapter 5\5.3\5.3.2\Media\波卡蓝黄色 .jpg"图像文件。

02 单击"创建新的填充或调整图层"按钮，在弹出的对话框中应用"自然饱和度"命令，并拖曳滑块适当设置各项参数，画面效果发生改变。

03 单击"创建新的填充或调整图层"按钮，在弹出的对话框中应用"曝光度"命令，并拖曳滑块适当设置各项参数，画面效果发生改变。

04 单击"创建新的填充或调整图层"按钮，在弹出的快捷菜单中选择"亮度 / 对比度"命令，并拖曳滑块设置各项参数，画面效果发生改变。

05 单击"创建新的填充或调整图层"按钮，在弹出的对话框中应用"色彩平衡"命令，并拖曳滑块适当设置各项参数，画面效果发生改变。

06 单击"创建新的填充或调整图层"按钮，在弹出的对话框中应用"色阶"命令，并拖曳滑块适当设置各项参数，画面效果发生改变。

07 单击"创建新的填充或调整图层"按钮，在弹出的对话框中应用"色相/饱和度"命令，并拖曳滑块适当设置各项参数，画面效果发生改变。

08 单击"创建新的填充或调整图层"按钮，在弹出的对话框中应用"曲线"命令，并拖曳线条适当设置参数，画面效果发生改变。

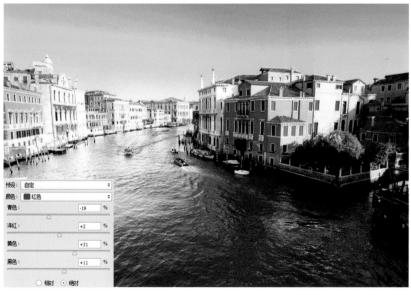

09 单击"创建新的填充或调整图层"按钮，选择"可选颜色"命令，设置各项参数，画面效果发生改变。至此，本案例制作完成。

5.3.3 经典紫罗兰

以高贵著称的紫色向来给人一种近乎暧昧的感觉。不管何时何地，经典的紫色，晶莹剔透犹如颗颗凝冻的露珠，一直是女人眼中的最爱，而紫罗兰色调的图像同样具备了这样的美感。下面我们将学习如何调出经典的紫罗兰色调图像。

01 执行"文件>打开"命令，打开"Chapter 5\5.3\5.3.3\Media\经典紫罗兰.jpg"图像文件。

02 单击"创建新的填充或调整图层"按钮，在弹出的对话框中应用"曲线"命令，并拖曳线条适当设置参数，画面效果发生改变。

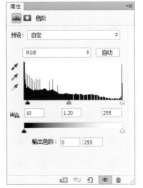

03 单击"创建新的填充或调整图层"按钮，在弹出的对话框中应用"色阶"命令，并拖曳滑块适当设置各项参数，画面效果发生改变。

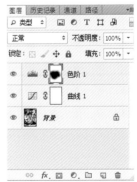

04 单击"色阶1"上的蒙版，选中蒙版缩览图，单击画笔工具按钮，然后在蒙版上适当涂抹，隐藏部分图像。

05 单击"创建新的填充或调整图层"按钮 ◎.，在弹出的对话框中应用"色彩平衡"命令，并拖曳滑块适当设置各项参数，画面效果发生改变。

06 单击"照片滤镜1"上的蒙版，选中蒙版缩览图，单击画笔工具按钮 ✐.，然后在蒙版上适当涂抹，隐藏部分图像。

07 单击"创建新的填充或调整图层"按钮 ◎.，在弹出的对话框中应用"色阶"命令，并拖曳滑块适当设置各项参数，画面效果发生改变。

08 单击"创建新的填充或调整图层"按钮 ◎.，在弹出的快捷菜单中选择"可选颜色"命令，并在"红色"和"黄色"选项中分别拖曳滑块，设置各项参数，画面效果发生改变。单击"可选颜色1"上的蒙版，选中蒙版缩览图，单击画笔工具按钮 ✐.，然后在蒙版上适当涂抹，隐藏部分图像。

09 新建"图层2"，设置前景色为黄色（R255、G204、B123）。单击画笔工具按钮，然后在画面四周绘制色块。

10 设置"图层1"的混合模式为"深色"，图像效果发生改变。

11 新建"图层3"，设置前景色为紫色（R143、G93、B200）。按Alt+Delete组合键填充图层。

12 设置"图层3"的混合模式为"颜色加深"，"不透明度"为30%，图像效果发生改变。

13 单击"创建新的填充或调整图层"按钮，在弹出的快捷菜单中选择"通道混合器"命令，并在"输出通道"选项中选择"红色"和"绿色"，并分别拖曳滑块，设置各项参数，画面效果发生改变。选中"通道混合器1"上的蒙版缩览图，单击画笔工具按钮，然后在蒙版上适当涂抹，隐藏部分图像。

14 单击"创建新的填充或调整图层"按钮 ⊙.，在弹出的对话框中应用"照片滤镜"命令，并拖曳滑块适当设置各项参数，画面效果发生改变。

15 按 Ctrl+Shift+Alt+E 组合键盖印图层，生成"图层4"。设置"图层4"的混合模式为"正片叠底"，"不透明度"为 30%，图像效果发生改变。至此，本案例制作完成。

5.3.4 古典黄蓝调

古典黄蓝色调给人以一种典雅、唯美的浪漫感觉，制作时需注意色调搭配的和谐，强调其古典的氛围。

01 执行"文件 > 打开"命令，打开"Chapter 5\5.3\5.3.4\Media\古典黄蓝调.jpg"图像文件。

02 复制背景图层，生成"图层1"。设置"图层1"的混合模式为"滤色"，"不透明度"为 30%，图像效果发生改变。

03 单击"创建新的填充或调整图层"按钮 ◉，在弹出的对话框中应用"色彩平衡"命令，并拖曳滑块适当设置各项参数，画面效果发生改变。

04 单击"色彩平衡 1"上的蒙版，选中蒙版缩览图，单击画笔工具按钮 ✐，然后在蒙版下方桌面位置适当涂抹，隐藏桌面图像色调。

05 单击"创建新的填充或调整图层"按钮 ◉，在弹出的对话框中应用"色阶"命令，并拖曳滑块适当设置各项参数，画面效果发生改变。

06 单击"创建新的填充或调整图层"按钮 ◉，在弹出的快捷菜单中选择"可选颜色"命令，并在"红色"选项中拖曳滑块，设置各项参数。

07 单击"选取颜色 1"上的蒙版，选中蒙版缩览图，单击画笔工具按钮 ✐，然后在蒙版下方水果位置适当涂抹，隐藏水果图像色调。

08 单击"创建新的填充或调整图层"按钮 ◉，在弹出的对话框中应用"曲线"命令，并拖曳线条适当设置参数，画面效果发生改变。

09 单击"曲线1"上的蒙版，选中蒙版缩览图，单击画笔工具按钮☑，设置"不透明度"为30%，然后在蒙版下方桌面位置适当涂抹，隐藏桌面部分色调。

10 单击"创建新的填充或调整图层"按钮◐，在弹出的对话框中应用"亮度/对比度"命令，并拖曳滑块适当设置参数，画面效果发生改变。

11 单击"亮度/对比度"上的蒙版，选中蒙版缩览图，单击画笔工具按钮☑，设置"不透明度"为30%，然后在蒙版下方桌面位置适当涂抹，隐藏部分色调。

12 单击"创建新的填充或调整图层"按钮◐，在弹出的对话框中应用"色相/饱和度"命令，在"红色"和"蓝色"选项中适当设置参数，画面效果发生改变。

13 按 Ctrl+Shift+Alt+E 组合键盖印图层，生成"图层 2"。
设置"图层 1"的混合模式为"叠加"，"不透明度"
为 30%。单击"添加图层蒙版"按钮，在添加的蒙版中适当涂抹。

14 再次按 Ctrl+Shift+Alt+E 组合键盖印图层，生成"图层
3"。执行"图像 > 调整 > 阴影 / 高光"命令，在弹出的
对话框中设置各项参数，完成后单击"确定"按钮。

15 设置前景色为绿色（R0、G88、B28），新建"图层 4"，
按 Alt+Delete 组合键填充图层。单击"添加图层蒙版"
按钮 ，在添加的蒙版中适当涂抹，隐藏下方的桌面和水果。

16 设置"图层 4"的混合模式为"减去"，"不透明度"
为 20%，图像效果发生改变。至此，本案例制作完成。

5.3.5 冷艳蓝灰调

蓝灰色调表现的是一种冷艳、
时尚、个性的氛围。在汽车、数码
产品等高端产品中运用此种色调，
可更完美地展现产品的质感。

01 执行"文件＞打开"命令，打开"Chapter 5\5.3\5.3.5\Media\冷艳蓝灰调 .jpg"图像文件。

02 单击裁剪工具按钮，在画面适当位置拉取裁剪框，注意图像裁剪的位置、上下比例，完成后按 Enter 键确定，自动完成裁剪。

03 单击"创建新的填充或调整图层"按钮，在弹出的对话框中应用"色相／饱和度"命令，并拖曳滑块适当设置各项参数，画面效果发生改变。

04 单击"创建新的填充或调整图层"按钮，在弹出的对话框中应用"色彩平衡"命令，并拖曳滑块适当设置各项参数，画面效果发生改变。

05 将"色彩平衡 1"重命名为"亮部色彩调整"，选中蒙版缩览图，单击画笔工具按钮，然后在蒙版上适当涂抹，隐藏部分图像。

06 使用以上相同的方法，应用"亮度／对比度"命令，适当设置参数，将其重命名为"局部高光调整"，单击画笔工具按钮，在蒙版上涂抹，隐藏部分图像。

07 单击"创建新的填充或调整图层"按钮 ●, 应用"曲线"命令, 拖曳线条设置参数。将"曲线1"重命名为"暗部增强对比", 选中"曲线1"蒙版缩览图, 结合画笔工具 ✐ 涂抹, 隐藏部分色调。

08 使用以上相同的方法, 应用"曲线"命令, 适当设置参数, 将其重命名为"局部空气透气性调整", 单击画笔工具按钮 ✐, 在蒙版上涂抹, 隐藏部分图像。

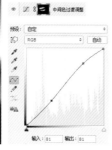

09 使用以上相同的方法, 应用"曲线"命令, 适当设置参数, 将其重命名为"中间色过渡调整", 单击画笔工具按钮 ✐, 在蒙版上涂抹, 隐藏部分图像。

10 执行"滤镜>模糊>高斯模糊"命令, 在打开的对话框中设置"半径"为8像素, 完成后单击"确定"按钮, 图像模糊。

11 设置"图层1"的混合模式为"柔光", "不透明度"为30%。单击"添加图层蒙版"按钮 ◻, 在蒙版中适当涂抹。至此, 本案例制作完成。

5.4 复古怀旧系

人们在对商业摄影各种图效的需求不断得到满足的同时,又萌发出一种向往传统、怀念古典、珍爱有艺术韵味的复古怀旧系照片的情绪。于是各类清新、古雅、优美的复古怀旧风格应运而生,它的出现为原本单调的画面效果平添了几许高雅古朴的韵味。

5.4.1 复古柔黄

柔黄的风格是复古系的代表。随着年代久远,很多照片都会有发黄的迹象,根据照片这一怀旧特性,复古柔黄风格越来越受大家青睐。

01 执行"文件 > 打开"命令,打开"Chapter 5\5.4\5.4.1\Media\复古怀旧系.jpg"图像文件。

02 单击"创建新的填充或调整图层"按钮 ,在弹出的对话框中应用"曝光度"命令,并拖曳线条适当设置参数,画面效果发生改变。

03 单击"创建新的填充或调整图层"按钮 ,在弹出的对话框中应用"色相/饱和度"命令,并拖曳滑块适当设置各项参数,画面效果发生改变。

04 单击"创建新的填充或调整图层"按钮 ◐ ，在弹出的对话框中应用"色彩平衡"命令，并拖曳滑块适当设置各项参数，画面效果发生改变。

05 单击"创建新的填充或调整图层"按钮 ◐ ，在弹出的对话框中应用"曲线"命令，并拖曳线条适当设置参数，完成后在蒙版内涂抹，隐藏部分图像。

06 单击"创建新的填充或调整图层"按钮 ◐ ，在弹出的快捷菜单中选择"可选颜色"命令，并分别在"红色"、"黄色"及"蓝色"选项中拖曳滑块，设置各项参数，画面效果发生改变。

07 新建"图层2"，单击画笔工具按钮 ✓ ，设置前景色为橙色（R208、G63、B0），在酒杯下方适当涂抹。设置"图层2"的混合模式为"颜色"，"不透明度"为30%，画面效果发生改变。

08 复制"图层2"，生成"图层2副本"。设置"图层2"的混合模式为"线性减淡"，"不透明度"为30%，画面效果发生改变。

09 单击"添加图层蒙版"按钮 □，为"图层2副本"添加蒙版，结合画笔工具 ✓ 在蒙版内适当涂抹，图像发生改变。

10 单击"创建新的填充或调整图层"按钮 ●，应用"色相/饱和度"命令，拖曳线条设置参数，完成后按 Ctrl+Shift+G 组合键创建剪贴蒙版。

11 按 Ctrl+Shift+Alt+E 组合键盖印图层，生成"图层3"。设置"图层3"的混合模式为"深色"，"不透明度"为50%，图像效果发生改变。

12 单击"创建新的填充或调整图层"按钮 ●，在弹出的对话框中应用"曝光度"命令，并拖曳滑块适当设置各项参数。至此，本案例制作完成。

5.4.2 优雅复古

优雅复古风更多地展现在女人及女人饰品上，在表现唯美优雅复古的风格时，色调的古朴是复古风的重点。

01 执行"文件>打开"命令，打开"Chapter 5\5.4\5.4.2\Media\优雅复古.jpg"图像文件。

02 单击"创建新的填充或调整图层"按钮 ，在弹出的对话框中应用"曝光度"命令，并拖曳线条适当设置参数，画面效果发生改变。

03 单击"曝光度1"上的蒙版，选中蒙版缩览图，单击画笔工具按钮 ，然后在蒙版下方适当涂抹，隐藏部分图像。

04 单击"创建新的填充或调整图层"按钮 ，再次在弹出的对话框中应用"曝光度"命令，并拖曳滑块适当设置各项参数，画面效果发生改变。

05 单击"曝光度1"上的蒙版，选中蒙版缩览图，单击画笔工具按钮 ，然后在蒙版上方适当涂抹，隐藏部分图像。

06 单击"创建新的填充或调整图层"按钮 ，在弹出的对话框中应用"自然/饱和度"命令，并拖曳滑块适当设置参数，画面效果发生改变。

07 单击"创建新的填充或调整图层"按钮，在弹出的对话框中应用"曲线"命令，并拖曳线条适当设置参数，画面效果发生改变。

08 单击"创建新的填充或调整图层"按钮，在弹出的对话框中应用"色阶"命令，并拖曳滑块适当设置参数，画面效果发生改变。

09 按 Ctrl+Shift+Alt+E 组合键盖印图层，生成"图层1"。设置"图层1"的混合模式为"滤色"，"不透明度"为 50%。

10 单击"添加图层蒙版"按钮，结合画笔工具在添加的蒙版中适当涂抹，隐藏部分图像，图像效果发生改变。

11 单击裁剪工具按钮，在画面适当位置拉取裁剪框，注意图像裁剪的位置、左右比例，完成后按 Enter 键确定，自动完成裁剪。至此，本案例制作完成。

5.4.3 古典柔美

古典柔美的风格给人一种沉静、凝重、踏实的感觉。在制作的时候，色调需富有厚重感，有被时光沉淀下来的韵味。

01 执行"文件＞打开"命令，打开"Chapter 5\5.4\5.4.3\Media\古典柔美 .jpg"图像文件。

02 单击"创建新的填充或调整图层"按钮 ⊘.，在弹出的对话框中应用"曝光度"命令，并拖曳线条适当设置参数，画面效果发生改变。

03 单击"创建新的填充或调整图层"按钮 ⊘.，在弹出的对话框中应用"自然饱和度"命令，并拖曳线条适当设置参数，画面效果发生改变。

04 单击"创建新的填充或调整图层"按钮 ⊘.，在弹出的对话框中应用"曲线"命令，并拖曳线条适当设置参数，画面效果发生改变。

05 单击"创建新的填充或调整图层"按钮 ⊙，应用"亮度／对比度"命令，设置各项参数。选中其蒙版缩览图，单击画笔工具按钮 ✐，在蒙版中间适当涂抹，隐藏部分图像。至此，本案例制作完成。

5.4.4 时尚经典

一些潮流商品的商业摄影照片，需要调制出时尚、经典的色彩氛围。制作时需注意图像的色调和高光对比，强调商品的光芒，突出质感。

01 执行"文件＞打开"命令，打开"Chapter 5\5.4\5.4.4\Media\时尚经典.jpg"图像文件。

02 单击"创建新的填充或调整图层"按钮 ⊙，在弹出的对话框中应用"曝光度"命令，并拖曳线条适当设置参数，画面效果发生改变。

03 单击"曝光度1"上的蒙版，选中其蒙版缩览图，单击画笔工具按钮，在蒙版内适当涂抹，隐藏部分图像，降低曝光度。

04 单击"创建新的填充或调整图层"按钮，在弹出的对话框中应用"自然饱和度"命令，并拖曳线条适当设置参数，画面效果发生改变。

05 单击"创建新的填充或调整图层"按钮，在弹出的对话框中应用"曲线"命令，并拖曳线条适当设置参数，画面效果发生改变。

06 单击"曲线1"上的蒙版，选中其蒙版缩览图，单击画笔工具按钮，在蒙版内适当涂抹，隐藏部分图像。

07 单击"创建新的填充或调整图层"按钮，在弹出的对话框中应用"亮度/对比度1"命令，并拖曳线条适当设置参数，画面效果发生改变。

08 单击"亮度/对比度1"上的蒙版，选中其蒙版缩览图，单击画笔工具按钮，在蒙版内适当涂抹，隐藏部分图像。

09 单击"创建新的填充或调整图层"按钮 ，在弹出的对话框中选择"可选颜色"命令，并分别在"红色"、"黄色"选项中拖曳滑块，设置各项参数。

10 单击"创建新的填充或调整图层"按钮 ，在弹出的对话框中应用"亮度/对比度1"命令，并拖曳线条适当设置参数，画面效果发生改变。

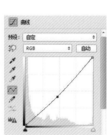

11 单击"创建新的填充或调整图层"按钮 ，应用"曲线"命令，设置各项参数。选中其蒙版缩览图，单击画笔工具按钮 ，在蒙版中间适当涂抹，隐藏部分图像。至此，本案例制作完成。

5.4.5 奢侈高端

奢侈高端的商业摄影照片往往需要增强画面对比，突出表现商品的色调和质感，强调其奢华唯美，激发消费者的购买欲。

01 执行"文件>打开"命令，打开"Chapter 5\5.4\5.4.5Media\奢侈高端.jpg"图像文件。

02 单击"创建新的填充或调整图层"按钮，在弹出的对话框中应用"曝光度"命令，并拖曳线条适当设置参数，画面效果发生改变。

03 单击"创建新的填充或调整图层"按钮，在弹出的对话框中应用"自然饱和度"命令，并拖曳滑块适当设置参数，画面效果发生改变。

04 单击"创建新的填充或调整图层"按钮，在弹出的对话框中应用"曲线"命令，并拖曳线条适当设置参数，画面效果发生改变。

05 单击"曲线1"上的蒙版，选中其蒙版缩览图，单击画笔工具按钮，在蒙版内适当涂抹，隐藏部分图像色调。

06 单击"创建新的填充或调整图层"按钮，在弹出的对话框中应用"亮度/对比度"命令，并拖曳滑块适当设置参数，画面效果发生改变。

07 按 Ctrl+Shift+Alt+E 组合键盖印图层，生成"图层 1"。设置"图层 1"的混合模式为"正片叠底"，"不透明度"为 30%。

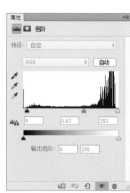

08 单击"创建新的填充或调整图层"按钮，在弹出的对话框中应用"色阶"命令，并拖曳滑块适当设置参数，画面效果发生改变。

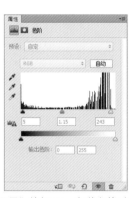

09 单击"创建新的填充或调整图层"按钮，在弹出的对话框中再次应用"色阶"命令，并拖曳滑块适当设置参数，画面效果发生改变。

10 按 Ctrl+Shift+Alt+E 组合键盖印图层，生成"图层 2"。设置"图层 2"的混合模式为"滤色"，"不透明度"为 10%。

11 单击裁剪工具按钮，在画面适当位置拉取裁剪框，注意图像裁剪的位置、上下比例，完成后按 Enter 键确定，自动完成裁剪。至此，本案例制作完成。

5.4.6 暗黄艺术

暗黄艺术很多时候用来表现夜晚的一种灯光效果。下面这张酒吧照片通过Photoshop的调整，将原本冷色调并且光线暗淡的夜晚酒吧灯光调整得温馨而浪漫。

01 执行"文件＞打开"命令，打开"Chapter 5\5.4\5.4.6\Media\暗黄艺术.jpg"图像文件。

02 新建"图层 1"，设置前景色为蓝色（R0、G215、B254），按 Alt+Delete 组合键填充图层。

03 设置"图层 1"的混合模式为"减去"，"不透明度"为 30%，图像效果发生改变。

04 单击"创建新的填充或调整图层"按钮，在弹出的对话框中应用"曲线"命令，并拖曳线条适当设置参数，画面效果发生改变。

05 单击"创建新的填充或调整图层"按钮 ◙ ，在弹出的对话框中应用"亮度/对比度"命令，并拖曳滑块适当设置参数，画面效果发生改变。

06 单击"创建新的填充或调整图层"按钮 ◙ ，在弹出的对话框中应用"自然饱和度"命令，并拖曳滑块适当设置参数，画面效果发生改变。

07 新建"图层2"，单击渐变工具按钮 ▣ ，设置前景色为橙色（R254、G109、B18），背景色为透明，然后从右下角至右上方绘制渐变。

08 设置"图层2"的混合模式为"颜色加深"，"不透明度"为20%，图像效果发生改变。

09 单击"创建新的填充或调整图层"按钮 ◙ ，在弹出的对话框中应用"曲线"命令，并拖曳线条适当设置参数，画面效果发生改变。

10 单击"创建新的填充或调整图层"按钮 ◙ ，在弹出的对话框中应用"亮度/对比度"命令，并拖曳滑块适当设置参数，画面效果发生改变。

11 单击"创建新的填充或调整图层"按钮 ⊘，选择"可选颜色"命令，分别在"红色"及"黄色"选项中设置各项参数。至此，本案例制作完成。

5.5 淡雅中性色

由黑色、白色及由黑白调和的各种深浅不同的灰色系列组成，称为无彩色系，也称为中性色。这种颜色通常很柔和，色彩不那么明亮耀眼，给人以淡雅的感觉。中性色是介于三大色红黄蓝之间的颜色，不属于冷色调也不属于暖色调。黑白灰是常用到的三大中性色。这三种中性色能起到谐和、缓解作用。中性色主要分为五种：黑、白、灰、金、银，而且也指一些色彩的搭配。它给人们的感觉轻松，可以避免疲劳，沉稳、得体、大方。中性色主要用于调和色彩搭配，突出其他颜色。

在绘画中适度地运用黑白灰中性色进行冲淡或者分割，特别是在两个补色之间使用，既能使互为补色的视觉效果更强烈，也能起到和谐缓解的作用。

淡雅的中性色作为色彩中的一个特殊系列存在于自然界中，应是色彩体系中的一个重要组成部分，无论是在写生还是创作中均有其独特作用。

5.5.1 清新柔美

小清新风格在对绿色植物进行调整时，更能体现植物的青翠欲滴，让人看了心旷神怡。此类风格图片在一些休闲场所、景区及房产类宣传中经常会用到，它代表着一种健康积极向上的生活品质。

01 执行 "文件 > 打开" 命令, 打开 "Chapter 5\5.5\5.5.1\Media\ 清新柔美 .jpg" 图像文件。

02 单击多边形套索工具按钮, 在画面中创建选区。在选 区内右键单击, 并在弹出的羽化对话框中设置 "羽化半径" 为 10 像素, 完成后单击 "确定" 按钮。

03 按 Ctrl+J 组合键复制选区图像, 生成 "图层 1"。执行 "滤镜 > 模糊 > 高斯模糊" 命令, 设置 "半径" 为 5 像素, 完成后单击 "确定" 按钮。

04 单击 "创建新的填充或调整图层" 按钮, 选择 "可选颜色" 命令, 在 "中性色" 选项中设置各项参数, 完成后创建 剪贴蒙版。

05 单击 "创建新的填充或调整图层" 按钮, 在弹出的对 话框中应用 "曲线" 命令, 并拖曳线条适当设置参数, 完成后创建剪贴蒙版。

06 单击 "创建新的填充或调整图层" 按钮, 在弹出的对 话框中应用 "曝光度" 命令, 并拖曳滑块适当设置参数, 画面效果发生改变。

07 单击"曝光度1"上的蒙版，选中蒙版缩览图，单击画笔工具按钮，然后在蒙版上适当涂抹，隐藏部分图像。

08 单击"创建新的填充或调整图层"按钮，在弹出的对话框中应用"色彩平衡"命令，并拖曳滑块适当设置参数，画面效果发生改变。

09 单击"创建新的填充或调整图层"按钮，在弹出的对话框中应用"亮度/对比度"命令，并拖曳滑块适当设置参数，画面效果发生改变。

10 单击"亮度/对比度1"上的蒙版，选中蒙版缩览图，单击画笔工具按钮，然后在蒙版上适当涂抹，隐藏部分图像。

11 单击"创建新的填充或调整图层"按钮，在弹出的对话框中应用"色相/饱和度"命令，并拖曳滑块适当设置参数，画面效果发生改变。

12 单击"创建新的填充或调整图层"按钮，在弹出的对话框中应用"曲线"命令，并拖曳线条适当设置参数，画面效果发生改变。

13 单击"曲线"上的蒙版，选中蒙版缩览图，单击画笔工具按钮，然后在蒙版上适当涂抹，隐藏部分图像。

14 新建"图层2"，单击画笔工具按钮，在属性栏上设置画笔为"柔边"，设置前景色为不同深浅的灰色，然后在背景适当位置进行涂抹，加深背景灰色调。

15 按 Ctrl+Shift+Alt+E 组合键盖印图层，生成"图层3"。执行"图像 > 调整 > 阴影/高光"命令，设置各项参数，单击"确定"按钮。至此，本案例制作完成。

5.5.2 日系淡雅

日系淡雅风格也是比较清新唯美的风格，画面效果整洁清爽雅致，给人以宁静祥和的画面氛围。日系淡雅是少女们最喜爱的风格之一，经常可以在杂志或海报上看到。

01 执行"文件>打开"命令，打开"Chapter 5\5.5\5.5.2\Media\日系淡雅.jpg"图像文件。

02 单击"创建新的填充或调整图层"按钮，在弹出的对话框中应用"色彩平衡"命令，并拖曳滑块适当设置参数，画面效果发生改变。

03 按Ctrl+J组合键复制选区图像，生成"图层1"。执行"滤镜>模糊>高斯模糊"命令，设置"半径"为5像素，完成后单击"确定"按钮。

04 单击"曝光度1"上的蒙版，选中蒙版缩览图，单击画笔工具按钮，然后在蒙版上适当涂抹，隐藏部分图像。

05 单击"创建新的填充或调整图层"按钮，在弹出的对话框中应用"亮度/对比度"命令，并拖曳滑块适当设置参数，画面效果发生改变。

06 单击"亮度/对比度1"上的蒙版，选中蒙版缩览图，单击画笔工具按钮，然后在蒙版上适当涂抹，隐藏部分图像。

07 单击"创建新的填充或调整图层"按钮○，选择"可选颜色"命令，在"红色"选项中设置各项参数，图像色调发生改变。

08 单击"选取颜色1"上的蒙版，选中蒙版缩览图，单击画笔工具按钮☑，然后在花心和杯沿上适当涂抹，隐藏部分图像。

09 单击"创建新的填充或调整图层"按钮○，在弹出的对话框中应用"自然饱和度"命令，并拖曳滑块适当设置参数，画面效果发生改变。

10 单击"自然饱和度1"上的蒙版，选中蒙版缩览图，单击画笔工具按钮☑，然后在花心和杯沿上适当涂抹，隐藏部分图像。

11 单击"创建新的填充或调整图层"按钮○，在弹出的对话框中再次应用"亮度/对比度"命令，并拖曳滑块适当设置参数，画面效果发生改变。

12 单击"亮度/对比度2"上的蒙版，选中蒙版缩览图，单击画笔工具按钮☑，然后在蒙版内适当涂抹，隐藏部分图像。

13 单击"创建新的填充或调整图层"按钮 ⊙ ，在弹出的对话框中应用"曲线"命令，并拖曳线条适当设置参数，画面效果发生改变。

14 按 Ctrl+Shift+Alt+E 组合键盖印图层，生成"图层 1"。设置"图层 1"的混合模式为"滤色"，"不透明度"为 20%，画面效果发生改变。

15 单击"创建新的填充或调整图层"按钮 ⊙ ，再次应用"可选颜色"命令，在"红色"选项中设置各项参数，图像色调发生改变。

16 按 Ctrl+Shift+Alt+E 组合键盖印图层，生成"图层 2"。设置"图层 2"的混合模式为"正片叠底"，"不透明度"为 30%，画面效果发生改变。

17 单击"创建新的填充或调整图层"按钮 ⊙ ，在弹出的对话框中应用"曝光度"命令，并拖曳滑块适当设置参数。至此，本案例制作完成。

5.5.3 浪漫淡紫色

　　紫色是高贵神秘的颜色，略带种忧郁的色彩，让人不忍忘记，代表权威、声望、深刻和精神。紫色中掺入少量白色，可形成浪漫、优美、动人的美丽色调。下面我们就来进入浪漫的淡紫色世界，看看婚纱遇上紫色，是怎样的浪漫色彩。

01 执行"文件>打开"命令，打开"Chapter 5\5.5\5.5.3\Media\浪漫淡紫色.jpg"图像文件。

02 复制背景图层，生成"图层1"。打开通道面板，选择"绿"通道，按Ctrl+A组合键全选，然后按Ctrl+C组合键复制，选择"蓝"通道，按Ctrl+V组合键粘贴，完成后取消选区。

03 单击通道面板上的 RGB 通道，图像恢复彩色效果，画面效果发生改变，返回图层面板。

04 单击 "创建新的填充或调整图层" 按钮，在弹出的快捷菜单中选择 "可选颜色" 命令，并分别在 "红色"、"青色" 及 "白色" 选项中拖曳滑块，设置各项参数，画面效果发生改变。

05 单击 "创建新的填充或调整图层" 按钮，在弹出的对话框中应用 "曲线" 命令，并分别在 RGB、绿色、蓝色选项中拖曳线条设置各项参数，画面效果发生改变。

06 单击 "曲线" 上的蒙版，选中蒙版缩览图，单击画笔工具按钮，然后在蒙版内婚纱位置适当涂抹，隐藏部分图像。

07 复制 "曲线1"，生成 "曲线1 副本"。设置其不透明度为 30%，并同样在其蒙版内结合画笔工具涂抹，隐藏婚纱部分图像。

08 单击"创建新的填充或调整图层"按钮 ，在弹出的对话框中再次应用"可选颜色"命令，并分别在"青色"及"蓝色"选项中拖曳滑块，画面效果发生改变。

09 复制"图层1"，生成"图层1副本"，将其拖至最上层。设置"图层1副本"的混合模式为"正片叠底"，"不透明度"为5%，画面效果发生改变。

10 新建"图层2"，设置前景色为暗紫色（R92、G98、B137），按Alt+Delete组合键填充图层。设置其混合模式为"滤色"，"不透明度"为30%。单击"添加图层蒙版"按钮 ，结合画笔工具 在添加的蒙版中适当涂抹，图像发生改变。

11 按Ctrl+Shift+Alt+E组合键盖印图层，生成"图层3"。按Ctrl+Shift+Alt+2组合键创建高光选区，按Ctrl+Shift+I组合键对选区进行反选。

12 新建"图层4"，设置前景色为暗紫色（R92、G98、B137），按Alt+Delete组合键填充选区，完成后取消选区，并设置其"不透明度"为15%。

13 新建 "图层 5"，设置前景色为粉色（R255、G192、B236），按 Alt+Delete 组合键填充图层。设置其混合模式为 "正片叠底"，"不透明度" 为 33%。

14 单击 "创建新的填充或调整图层" 按钮 ，在弹出的对话框中应用 "曝光度" 命令，并拖曳滑块适当设置参数。至此，本案例制作完成。

5.5.4　唯美时尚

时尚的风格通常体现在男人和女人的服饰或者享受生活的照片中。时尚是一种美，若追求唯美时尚照片效果可以参考下面的案例进行学习。

01 执行 "文件 > 打开" 命令，打开 "Chapter 5\5.5\5.5.4\Media\唯美时尚 .jpg" 图像文件。

02 单击"创建新的填充或调整图层"按钮 ，在弹出的对话框中再次应用"可选颜色"命令，并分别在"红色"、"黄色"及"蓝色"选项中拖曳滑块，画面效果发生改变。

03 单击"创建新的填充或调整图层"按钮 ，在弹出的对话框中应用"自然饱和度"命令，并拖曳滑块适当设置参数。

04 单击"创建新的填充或调整图层"按钮 ，在弹出的对话框中应用"曲线"命令，并选择"红"选项，拖曳线条设置各项参数，画面效果发生改变。

05 单击"曲线"上的蒙版，选中蒙版缩览图，单击画笔工具按钮 ，然后在蒙版内人物脸部阴影位置适当涂抹，隐藏部分图像。

06 按 Ctrl+Shift+Alt+E 组合键盖印图层，生成"图层1"。按 Ctrl+Shift+Alt+2 组合键选取高光区域，再按 Ctrl+Shift+I 组合键进行反选。

07 按 Ctrl+J 组合键复制选区图像，生成"图层 2"。设置"图层 1"的混合模式为"正片叠底"，"不透明度"为 50%，画面暗部加深，图像效果发生改变。

08 单击"创建新的填充或调整图层"按钮，在弹出的对话框中应用"曲线"命令，并分别选择"红"和"蓝"选项，拖曳线条设置各项参数，画面效果发生改变。

09 单击"创建新的填充或调整图层"按钮，在弹出的对话框中应用"色彩平衡"命令，并拖曳滑块适当设置参数。

10 单击多边形套索工具按钮，在画面中勾勒人物眼睛，创建选区。在选区内右键单击，并在弹出的快捷菜单中选择"羽化"，设置"羽化半径"为 5 像素，完成后单击"确定"按钮。

11 设置"图层 3"的混合模式为"正片叠底"，"不透明度"为 30%，画面暗部加深，图像效果发生改变。

12 单击"添加图层蒙版"按钮█,结合画笔工具█在添加的蒙版中适当涂抹,隐藏眼窝的部分阴影,图像效果发生改变。

13 单击多边形套索工具按钮█,在画面中勾勒人物嘴唇,创建选区。在选区内右击,并在弹出的快捷菜单中选择"羽化",设置"羽化半径"为5像素,完成后单击"确定"按钮。

14 设置"图层4"的混合模式为"正片叠底","不透明度"为30%,画面暗部加深,图像效果发生改变。

15 单击"添加图层蒙版"按钮█,结合画笔工具█在添加的蒙版中适当涂抹,隐藏嘴唇边缘的部分图像,图像效果发生改变。

16 单击画笔工具按钮█,在属性栏上设置画笔混合模式为"颜色加深","不透明度"为10%,图像效果发生改变。至此,本案例制作完成。

5.5.5 冷艳时尚

冷艳时尚风格在很多杂志上都可以看到，其冷艳、个性，色调偏冷或偏深色，展现出一种强大的冷酷、时尚、唯美的磁场。

01 执行"文件 > 打开"命令，打开"Chapter 5\5.5\5.5.5\Media\冷艳时尚 .jpg"图像文件。

02 复制背景图层，生成"图层 1"。设置"图层 1"的混合模式为"正片叠底"，"不透明度"为 30%，画面加深，图像效果发生改变。

03 单击"添加图层蒙版"按钮 ▣，结合画笔工具 ✍ 在添加的蒙版中涂抹，隐藏人物脸部图像。

04 单击"创建新的填充或调整图层"按钮 ●，在弹出的对话框中应用"曝光度"命令，并拖曳滑块适当设置参数。

05 结合魔棒工具 和多边形套索工具 在画面中创建选区，选取人物的灰色背景区域，选取时注意边缘的精确。

06 单击"曝光度1"上的蒙版，选中蒙版缩览图，填充蒙版为黑色，隐藏背景部分图像，完成后取消选区。

07 复制"曝光度1"，生成"图层曝光度1副本"，隐藏"曝光度1"。单击画笔工具按钮 ，在蒙版中涂抹，隐藏人物大腿和脸上色调，以提亮画面。

08 单击"创建新的填充或调整图层"按钮 ，在弹出的对话框中应用"自然饱和度"命令，并拖曳滑块适当设置参数。

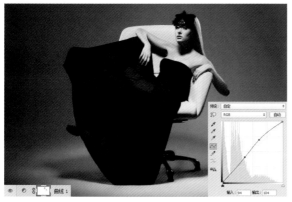

09 单击"创建新的填充或调整图层"按钮 ，在弹出的对话框中应用"曲线"命令，拖曳线条设置各项参数。完成后在其蒙版内涂抹，隐藏脸部图像。

10 单击"创建新的填充或调整图层"按钮 ，在弹出的对话框中应用"亮度/对比度"命令，拖曳滑块设置各项参数。完成后在其蒙版内涂抹，隐藏脸部图像。

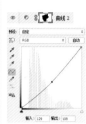

11 单击"创建新的填充或调整图层"按钮 ●.，在弹出的对话框中应用"曲线"命令，拖曳线条设置各项参数。完成后按 Ctrl 键单击"曝光度 1"后的蒙版缩略图，然后选择"曲线 2"上的蒙版，填充为黑色。至此，本案例制作完成。

5.5.6 复古清绿色

复古的清绿色调带着一点怀旧的情绪，调整时注意色彩不需要太鲜艳，强调其复古的朦胧美感。下面的案例前景与背景通过模糊拉开了层次，更突出地展现了前景复古的清绿色调。

01 执行"文件＞打开"命令，打开"Chapter 5\5.5\5.5.6\Media\复古清绿色 .jpg"图像文件。

02 单击"创建新的填充或调整图层"按钮 ●.，在弹出的对话框中应用"自然饱和度"命令，并拖曳滑块适当设置参数。

03 按Ctrl+Shift+Alt+E组合键盖印图层，生成"图层1"。单击在画面中创建选区，选取背景区域。在选区内右键单击，在羽化对话框中设置"羽化半径"为10像素，完成后单击"确定"按钮。

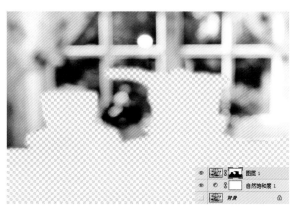

04 隐藏背景图层，单击"添加图层蒙版"按钮 ，为"图层1"添加蒙版，可以看到背景以外的图像被隐藏。

05 显示背景图层，执行"滤镜>模糊>高斯模糊"命令，设置"半径"为5像素，完成后单击"确定"按钮。

06 单击"创建新的填充或调整图层"按钮 ，在弹出的对话框中应用"曝光度"命令，并拖曳滑块适当设置参数。完成后按Ctrl+Shift+G组合键创建剪贴蒙版。

07 单击"创建新的填充或调整图层"按钮 ，应用"可选颜色"命令，并分别在"绿色"及"青色"选项中拖曳滑块，画面效果发生改变。完成后按Ctrl+Shift+G组合键创建剪贴蒙版。

08 按 Ctrl 键单击"图层 1"后的蒙版缩略图，然后按 Ctrl+Shift+I 组合键反选选区。

09 单击"添加图层蒙版"按钮，为"图层 2"添加蒙版，将选区载入图像。

10 单击"创建新的填充或调整图层"按钮，在弹出的对话框中应用"曝光度"命令，并拖曳滑块适当设置参数。

11 单击"曝光度 2"上的蒙版，选中蒙版缩览图，单击画笔工具按钮，隐藏部分图像。按 Ctrl+Shift+G 组合键创建剪贴蒙版。至此，本案例制作完成。

5.5.7 高对比暗青色

高对比暗青色调强化了照片的对比度以及暗青色调，在制作时注意需要更细致地在图像固有色的基础上进行调整，使车身原本的红色也变得更有底蕴。

01 执行"文件>打开"命令，打开"Chapter 5\5.5\5.5.7Media\高对比暗青色"图像文件。

02 单击"创建新的填充或调整图层"按钮，应用"可选颜色"命令，并分别在"红色"及"洋红"选项中拖曳滑块，画面效果发生改变。

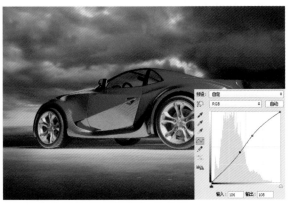

03 单击"创建新的填充或调整图层"按钮，在弹出的对话框中应用"曲线"命令，拖曳线条设置各项参数。

04 单击"创建新的填充或调整图层"按钮，在弹出的对话框中应用"自然饱和度"命令，并拖曳滑块适当设置参数。

05 单击"创建新的填充或调整图层"按钮 ◎ ，在弹出的对话框中应用"亮度/对比度"命令，并拖曳滑块适当设置参数。

06 按 Ctrl+Shift+Alt+E 组合键盖印图层，生成"图层 1"。执行"滤镜 > 抽出"命令，单击面板左侧的"边缘高光器工具"按钮 ◢ ，然后在画面中汽车边缘与背景交界绘制绿色的边缘线条。

07 边缘线条勾勒完成后，单击面板左侧的填充工具按钮 ◢ ，然后在线条闭合区域单击进行填充。

08 填充完成后单击"确定"按钮，隐藏背景图层，可以看到图像背景显示为透明状态。

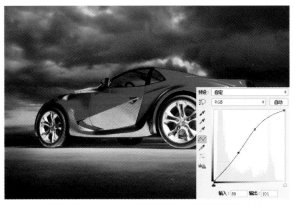

09 显示背景图层，单击"创建新的填充或调整图层"按钮 ◎ ，在弹出的对话框中应用"曲线"命令，并拖曳线条适当设置参数。完成后按 Ctrl+Shift+G 组合键创建剪贴蒙版。

10 单击"添加图层蒙版"按钮 ▣ ，为"图层 2"添加蒙版，将选区载入蒙版。单击"曝光度 2"上的蒙版，选中蒙版缩览图，单击画笔工具 ，隐藏部分图像。

11 单击"创建新的填充或调整图层"按钮，在弹出的对话框中应用"选取颜色"命令，并在"红"选项中适当设置参数。按 Ctrl+Shift+G 组合键创建剪贴蒙版。

12 单击"创建新的填充或调整图层"按钮，在弹出的对话框中分别应用"自然饱和度"和"亮度/对比度"命令，适当设置参数。同样，按 Ctrl+Shift+G 组合键创建剪贴蒙版。

13 按 Ctrl+Shift+Alt+E 组合键盖印图层，生成"图层 2"。单击"添加图层蒙版"按钮，为"图层 2"添加蒙版，然后在蒙版内适当涂抹，隐藏车身外图像。

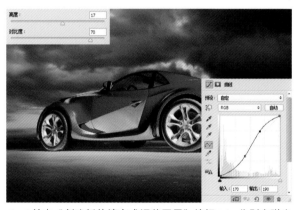

14 单击"创建新的填充或调整图层"按钮，分别在弹出的对话框中应用"亮度/对比度"、"曲线"命令。按 Ctrl+Shift+G 组合键创建剪贴蒙版。

15 新建"图层 3"，设置前景色为深红色（R42、G23、B25），用多边形套索工具创建车尾选区，并填充前景色。单击"添加图层蒙版"按钮，在蒙版内绘制隐藏部分色块。

16 设置"图层 2"的混合模式为"正片叠底"，"不透明度"为 30%，图像效果发生改变。至此，本案例制作完成。

5.5.8 时尚低调

时尚的照片中有很多都是暗调的低调图片效果，给人以更加沉稳、更有内涵和层次的感觉。制作时除了调暗色调，还需调整图像的饱和度，以使图像的时尚低调感更加自然。

01 执行"文件>打开"命令，打开"Chapter 5\5.5\5.5.8\Media\ 时尚低调.jpg"图像文件。

02 单击"创建新的填充或调整图层"按钮 ◎.，在弹出的对话框中应用"色彩平衡"命令，并拖曳滑块适当设置参数。

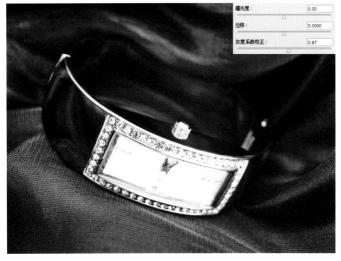

03 单击"创建新的填充或调整图层"按钮 ◎.，在弹出的对话框中应用"曝光度"命令，并拖曳滑块适当设置参数。

04 单击"创建新的填充或调整图层"按钮，在弹出的对话框中应用"自然饱和度"命令，并拖曳滑块适当设置参数。

05 单击"创建新的填充或调整图层"按钮，在弹出的对话框中应用"亮度/对比度"命令，并拖曳滑块适当设置参数。至此，本案例制作完成。

5.5.9 忧伤婉约

总有一些画面能带给人忧伤婉约的美感。在调整此类图效的画面时，需要注意色调的淡雅及画面整体的意境调整。

01 执行"文件＞打开"命令，打开"Chapter 5\5.5\5.5.9\Media\忧伤婉约.jpg"图像文件。

02 单击"创建新的填充或调整图层"按钮，在弹出的对话框中应用"色彩平衡"命令，并拖曳滑块适当设置参数。

03 单击"创建新的填充或调整图层"按钮 ⊙，在弹出的对话框中应用"曝光度"命令，并拖曳滑块适当设置参数。完成后在其蒙版内适当涂抹，隐藏部分色调。

04 单击"创建新的填充或调整图层"按钮 ⊙，在弹出的对话框中应用"自然饱和度"命令，并拖曳滑块适当设置参数。

05 单击"创建新的填充或调整图层"按钮 ⊙，在弹出的对话框中应用"亮度/对比度"命令，并拖曳滑块适当设置参数。完成后在其蒙版内适当涂抹，隐藏部分色调。

06 单击"创建新的填充或调整图层"按钮 ⊙，在弹出的对话框中应用"色相/饱和度"命令，并拖曳滑块适当设置参数。

07 单击"创建新的填充或调整图层"按钮 ⊙，在弹出的对话框中应用"曲线"命令，并拖曳线条适当设置参数。完成后在其蒙版内适当涂抹，隐藏部分色调。

08 新建"图层1"，设置前景色为粉色（R244、G155、B255），按Alt+Delete组合键填充图层。

09 设置"图层1"的混合模式为"正片叠底"，"不透明度"为30%。单击"添加图层蒙版"按钮 ，结合画笔工具 ，设置画笔"不透明度"为20%，在添加的蒙版内涂抹，图像效果发生改变。

10 按Ctrl+Shift+Alt+E组合键盖印图层，生成"图层2"。单击"添加图层蒙版"按钮 ，结合画笔工具 ，设置画笔"不透明度"为20%，在添加的蒙版内涂抹，图像效果发生改变。

11 单击"创建新的填充或调整图层"按钮 ，在弹出的对话框中应用"曲线"命令，并拖曳线条适当设置参数。结合画笔工具 ，设置画笔"不透明度"为20%，在"曲线2"的蒙版内涂抹黑色，图像效果发生改变。至此，本案例制作完成。

5.6 甜美清新色

　　甜美清新的色调最受少女们的青睐，其淡雅、清凉而又不张扬，品位十足。甜美的风格单品总是能够使画面的唯美质感大为提升。在酷热的天气里人们都向往欣赏清爽的画面，甜美清新色调的照片便开始施展魅力。这样唯美的色调，运用到各种物品上给人以清爽宁静祥和的美感，运用到少女的照片上更是夺人眼球，让浪漫定格你身。下面我们就进入艺术的殿堂，学习如何打造清新迷人的商业摄影照片。让我们使原本平淡无奇的照片变得更加魅力无穷吧！

5.6.1 淡雅糖水调

　　糖水调是一种甜美、淡雅的色调，给人以甜蜜、温馨的感觉。唯美的风格中，淡雅的糖水调也是重要的组成之一。

01 执行"文件＞打开"命令，打开"Chapter 5\5.6\5.6.1\Media\淡雅糖水调.jpg"图像文件。

02 单击"创建新的填充或调整图层"按钮，在弹出的对话框中应用"色彩平衡"命令，并拖曳滑块适当设置参数，图像效果发生改变。

03 单击画笔工具按钮，在"色彩平衡1"蒙版内适当涂抹黑色，隐藏花朵部分色调。

04 单击"创建新的填充或调整图层"按钮，在弹出的对话框中应用"曝光度"命令，并拖曳滑块适当设置参数，图像效果发生改变。

05 单击画笔工具按钮，在"曝光度1"蒙版内适当涂抹黑色，隐藏花朵部分色调。

06 单击"创建新的填充或调整图层"按钮，在弹出的对话框中应用"亮度/对比度"命令，并拖曳滑块适当设置参数，图像效果发生改变。

07 单击"创建新的填充或调整图层"按钮，在弹出的对话框中应用"色相/饱和度"命令，并拖曳滑块适当设置参数，图像效果发生改变。

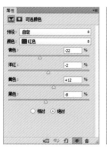

08 单击"创建新的填充或调整图层"按钮，在弹出的快捷菜单中选择"可选颜色"命令，并分别在"红色"、"黄色"及"白色"选项中拖曳滑块，设置各项参数，画面效果发生改变。

09 单击"创建新的填充或调整图层"按钮 ◎，在弹出的对话框中应用"照片滤镜"命令，选择"加温滤镜（81）"，并拖曳滑块适当设置参数，图像效果发生改变。

10 单击"创建新的填充或调整图层"按钮 ◎，在弹出的对话框中再次应用"色相 / 饱和度"命令，并拖曳滑块适当设置参数，图像效果发生改变。

知识提点：加温滤镜在此处的作用

在淡雅糖水调中，运用加温滤镜可以使画面整体呈现偏黄色的暖色调，使色调更加统一，同时增加了温馨淡雅的画面氛围。

11 单击"创建新的填充或调整图层"按钮 ◎，在弹出的对话框中应用"曲线"命令，并拖曳线条适当设置参数。

12 结合画笔工具 ✐，设置画笔"不透明度"为 20%，在"曲线 2"的蒙版内涂抹黑色，图像效果发生改变。

13 按 Ctrl+Shift+Alt+E 组合键盖印图层，生成"图层 1"。按 Ctrl+Shift+Alt+2 组合键，创建图像高光部分选区。

14 按 Ctrl+J 组合键复制选区图像，生成"图层 2"。设置"图层 2"的混合模式为"划分"，"不透明度"为 50%。单击"添加图层蒙版"按钮 ▣，结合画笔工具 ✐，在添加的蒙版内涂抹，图像发生改变。

15 再次按 Ctrl+Shift+Alt+E 组合键盖印图层，生成"图层1"。设置"图层 2"的混合模式为"叠加"，"不透明度"为 20%，图像效果发生改变。

16 单击仿制图章工具按钮，按 Alt 键在桌面浅色区域单击，创建复制源，然后在桌面上涂抹，反复操作去除前景的杂物。至此，本案例制作完成。

5.6.2 甜美清新

一张原本暗淡的图片，可以在Photoshop中进行细致调整，制作出甜美清新的画面效果。下面案例中原本老气的少女，在进行甜美清新色调调整后，也随之变得甜美可爱起来。下面我们就来学学如何制作甜美清新的画面效果。

01 执行"文件>打开"命令，打开"Chapter 5\5.6\5.6.2\Media\甜美清新 .jpg"图像文件。

02 单击"创建新的填充或调整图层"按钮，在弹出的对话框中应用"色彩平衡"命令，并拖曳滑块适当设置参数，图像效果发生改变。

03 单击"创建新的填充或调整图层"按钮，在弹出的对话框中应用"曝光度"命令，并拖曳滑块适当设置参数，图像效果发生改变。

04 单击"创建新的填充或调整图层"按钮，在弹出的对话框中应用"曝光度"命令，并拖曳滑块适当设置参数，图像效果发生改变。

05 单击"创建新的填充或调整图层"按钮，在弹出的对话框中应用"亮度/对比度"命令，并拖曳滑块适当设置参数，图像效果发生改变。

06 单击"创建新的填充或调整图层"按钮，在弹出的对话框中应用"色相/饱和度"命令，并拖曳滑块适当设置参数，图像效果发生改变。

07 单击"创建新的填充或调整图层"按钮，在弹出的对话框中应用"可选颜色"命令，并在"红"选项中拖曳滑块，适当设置参数。

08 单击"创建新的填充或调整图层"按钮，在弹出的快捷菜单中选择"可选颜色"命令，并分别在"红色"、"黄色"、"绿色"及"黑色"选项中拖曳滑块，设置各项参数，画面效果发生改变。

09 按 Ctrl+Shift+Alt+2 组合键，创建图像高光部分选区。选择"选取颜色 2"的蒙版缩览图，按 Alt+Delete 组合键填充蒙版，隐藏部分色调，图像效果发生改变。

10 单击"创建新的填充或调整图层"按钮 ，在弹出的快捷菜单中选择"可选颜色"命令，并分别在"红色"及"黄色"选项中拖曳滑块，设置各项参数。完成后在其蒙版内适当涂抹，隐藏部分色调。

11 单击"创建新的填充或调整图层"按钮 ，在弹出的对话框中应用"色相/饱和度"命令，并拖曳滑块适当设置参数，图像效果发生改变。完成后在其蒙版内适当涂抹，隐藏嘴唇以外的图像色调。

12 单击"创建新的填充或调整图层"按钮 ，在弹出的对话框中应用"曲线"命令，并拖曳滑块适当设置参数，图像效果发生改变。完成后在其蒙版内适当涂抹，隐藏嘴唇以外的图像色调，人物牙齿变白。

13 新建"图层 2"，设置前景色为粉色（R240、G215、B242），按 Alt+Delete 组合键填充图层。设置"图层 1"的混合模式为"柔光"，"不透明度"为 50%，图像效果发生改变。

14 按 Ctrl+Shift+Alt+E 组合键盖印图层，生成"图层 3"。执行"图像 > 调整 > 阴影 / 高光"命令，在弹出的对话框中设置各项参数，单击"确定"按钮。

15 执行"图像 > 锐化 > 智能锐化"命令，在弹出的对话框中设置各项参数，单击"确定"按钮，图像变得更加清晰。

16 单击"创建新的填充或调整图层"按钮，在弹出的对话框中应用"渐变填充"命令，设置玫红渐变各项参数。完成后将"选取颜色 2"中的蒙版选区载入此蒙版中，图像效果发生改变。

17 单击"创建新的填充或调整图层"按钮，在弹出的对话框中应用"色彩平衡"命令，并拖曳滑块适当设置参数，图像效果发生改变。至此，本案例制作完成。

5.6.3 清凉季节

清凉的季节总是想欣赏一点清爽、洁净的色彩和物品，以平静心灵、修身养性。在石块与绿色植物之间的那份清凉与淡然，通过Photoshop修图便可以轻松感受到。

01 执行"文件 > 打开"命令，打开"Chapter 5\5.6\5.6.3\Media\清凉季节 .jpg"图像文件。

02 单击"创建新的填充或调整图层"按钮 ，在弹出的对话框中分别应用"色彩平衡"及"曝光度"命令，并分别拖曳滑块适当设置各项参数，图像效果发生改变。

03 单击"创建新的填充或调整图层"按钮 ，在弹出的对话框中应用"自然饱和度"命令，并拖曳滑块适当设置各项参数。完成后在其蒙版内适当涂抹，隐藏瓶子和树叶部分绿色色调。

04 单击"创建新的填充或调整图层"按钮 ，在弹出的对话框中分别应用"亮度 / 对比度"及"色相 / 饱和度"命令，并分别拖曳滑块适当设置各项参数，图像效果发生改变。

05 单击"创建新的填充或调整图层"按钮 ，选择"可选颜色"命令，并分别在"黄色"及"绿色"选项中拖曳滑块，适当设置参数，图像效果发生改变。至此，本案例制作完成。

5.6.4 清新淡雅

清新淡雅风格给人以一种恬静、清爽的感觉。在对一些物品进行此种风格的调色后，原本暗淡的照片会变得让人眼前一亮，同时有种沉淀岁月、洗涤心灵的感觉。

01 执行"文件 > 打开"命令，打开"Chapter 5\5.6\5.6.4\Media\清新淡雅 .jpg"图像文件。

02 单击"创建新的填充或调整图层"按钮 ◦.，在弹出的对话框中应用"自然饱和度"命令，并拖曳滑块适当设置各项参数，图像效果发生改变。

03 单击"创建新的填充或调整图层"按钮 ◦.，在弹出的对话框中应用"亮度 / 对比度"命令，并拖曳滑块适当设置各项参数，图像效果发生改变。

04 单击"创建新的填充或调整图层"按钮 ◦.，在弹出的对话框中应用"曝光度"命令，并拖曳滑块适当设置各项参数，图像效果发生改变。

05 单击"创建新的填充或调整图层"按钮 ◦.|，在弹出的对话框中应用"曲线"命令，并拖曳线条适当设置各项参数，图像效果发生改变。

06 单击"创建新的填充或调整图层"按钮 ◦.|，在弹出的对话框中应用"色彩平衡"命令，并拖曳滑块适当设置各项参数，图像效果发生改变。

07 单击"创建新的填充或调整图层"按钮 ◦.|，在弹出的对话框中应用"色阶"命令，并拖曳滑块适当设置各项参数，图像效果发生改变。

08 按Ctrl+Shift+Alt+E组合键盖印图层，生成"图层1"。执行"图像＞调整＞阴影／高光"命令，在弹出的对话框中设置各项参数，单击"确定"按钮。

09 执行"图像＞锐化＞智能锐化"命令，在弹出的对话框中设置各项参数，单击"确定"按钮，图像变得更加清晰。

10 按Ctrl+Shift+Alt+E组合键盖印图层，生成"图层2"。设置"图层2"的混合模式为"滤色"，"不透明度"为30%，图像效果发生改变。

11 单击"创建新的填充或调整图层"按钮 ◑ ，在弹出的对话框中应用"色相/饱和度"命令，选择"黄色"选项，并拖曳滑块适当设置参数，图像效果发生改变。至此，本案例制作完成。

5.6.5 清新TOFU

说到TOFU，大多数人其实都不知道。原因很简单，TOFU仅仅是在他自己的圈子里比较红而已，一直都没有走上商业化的拍摄。在PS的时候，除了让摄影作品更美之外，最重要的是TOFU的风格给了每张照片一个灵魂，让商业修片变得更加艺术唯美。

01 执行"文件>打开"命令，打开"Chapter 5\5.6\5.6.5\Media\清新TOFU.jpg"图像文件。

02 单击"创建新的填充或调整图层"按钮 ◑ ，在弹出的对话框中应用"自然饱和度"命令，并拖曳滑块适当设置各项参数，图像效果发生改变。

03 单击"创建新的填充或调整图层"按钮 ，选择"可选颜色"命令，并分别在"红色"及"中性色"选项中拖曳滑块，设置各项参数。

04 单击画笔工具按钮 ，在"选取颜色1"蒙版内适当涂抹黑色，隐藏猫咪头部暗色色调，图像效果发生改变。

05 单击"创建新的填充或调整图层"按钮 ，在弹出的对话框中应用"亮度/对比度"命令，并拖曳滑块适当设置各项参数，图像效果发生改变。

06 单击"创建新的填充或调整图层"按钮 ，在弹出的对话框中应用"曝光度"命令，并拖曳滑块适当设置各项参数，图像效果发生改变。

07 单击画笔工具按钮 ，在"曝光度1"蒙版内适当涂抹黑色，隐藏画面曝光过度的色调，图像效果发生改变。

08 单击"创建新的填充或调整图层"按钮 ，在弹出的对话框中应用"色阶"命令，并拖曳滑块适当设置各项参数，图像效果发生改变。

09 单击"创建新的填充或调整图层"按钮 ●.,在弹出的对话框中应用"曲线"命令，并拖曳线条适当设置各项参数，图像效果发生改变。

10 单击"创建新的填充或调整图层"按钮 ●.,选择"可选颜色"命令，并分别在"红色"及"黄色"选项中拖曳滑块，设置各项参数。完成后在其蒙版内适当涂抹黑色，隐藏部分色调。至此，本案例制作完成。

5.6.6 日系风

日系风格是商业修片中常见的一种修片效果，以其朦胧唯美而著称。在制作时，需要强调其朦胧的美感，加深图片氛围的渲染。

01 执行"文件＞打开"命令，打开"Chapter 5\5.6\5.6.6\Media\日系风 .jpg"图像文件。

02 单击"创建新的填充或调整图层"按钮，在弹出的对话框中应用"自然饱和度"命令，并拖曳滑块适当设置各项参数，图像效果发生改变。

03 单击"创建新的填充或调整图层"按钮，在弹出的对话框中应用"亮度 / 对比度"命令，并拖曳滑块适当设置各项参数，图像效果发生改变。

04 按 Ctrl+Shift+Alt+E 组合键盖印图层，生成"图层 1"。执行"图像＞调整＞去色"命令，直接对盖印图层进行去色。

05 执行"图像＞调整＞反相"命令，图像自动进行反相处理，图像效果发生改变。

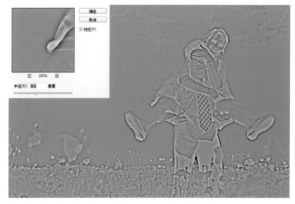

06 执行"滤镜＞其他＞高反差处理"命令，在弹出的对话框中设置参数，完成后单击"确定"按钮，图像效果发生改变。

07 设置"图层1"的混合模式为"滤色"，"不透明度"为45%，图像效果发生改变。

08 单击"创建新的填充或调整图层"按钮，在弹出的对话框中应用"色相/饱和度"命令，勾选"着色"复选框，并拖曳滑块适当设置参数，完成后创建剪贴蒙版，图像效果发生改变。

09 单击"创建新的填充或调整图层"按钮，选择"可选颜色"命令，并在"红色"选项中拖曳滑块，设置各项参数。完成后在其蒙版内适当涂抹黑色，隐藏部分色调。

10 单击"创建新的填充或调整图层"按钮，选择"可选颜色"命令，并在"青色"和"蓝色"选项中拖曳滑块，设置各项参数。完成后在其蒙版内适当涂抹黑色，隐藏部分色调。

11 单击"创建新的填充或调整图层"按钮，在弹出的对话框中应用"色彩平衡"命令，并拖曳滑块适当设置各项参数，图像效果发生改变。完成后在其蒙版内适当涂抹黑色，隐藏部分色调。

12 按Ctrl+Shift+Alt+E组合键盖印图层，生成"图层2"。执行"图像 > 调整 > 阴影/高光"命令，在弹出的对话框中设置各项参数，单击"确定"按钮。

13 新建"图层3"，填充为黑色。执行"滤镜 > 渲染 > 镜头光晕"命令，在弹出的对话框中选择"35毫米聚焦"选项，单击"确定"按钮添加光晕效果。

14 设置"图层3"的混合模式为"滤色"，"不透明度"为80%，单击"添加图层蒙版"按钮，在添加的蒙版中结合画笔工具涂抹，隐藏人物区域图像，图像效果发生改变。

15 新建"图层4"，填充为黑色。执行"滤镜 > 渲染 > 镜头光晕"命令，选择"电影镜头"选项，单击"确定"按钮。设置"图层4"的混合模式为"滤色"，"不透明度"为50%。使用相同方法，添加蒙版隐藏人物区域图像。

16 单击"创建新的填充或调整图层"按钮，在弹出的对话框中应用"曝光度"命令，并拖曳滑块适当设置各项参数，图像效果发生改变。完成后在其蒙版内适当涂抹黑色，隐藏部分色调。

17 按Ctrl+Shift+Alt+E组合键盖印图层，生成"图层5"。执行"滤镜 > 锐化 > 智能锐化"命令，设置各项参数，完成后单击"确定"按钮，并在其蒙版内适当涂抹黑色。至此，本案例制作完成。

5.7　中性冷艳色

　　前面我们讲过了淡雅中性色，这里进一步学习如何制作中性冷艳色图片。在色彩写生时，我们几乎很少使用高纯度的颜色去作画，而是较多地使用纯度、色相、明度不同的复色去描绘。这实际上就是让灰色参与进来，起到一定的色彩谐和作用。有时老师在摆静物或人物时，特意将背景衬布布置成呈中性的灰色，一方面使所描绘的物体色彩纯度更高，另一方面是为了让不同的色彩置于一个更和谐的环境中，便于初学者更好地把握色彩关系。冷艳的中性色调不同于淡雅的中性色调，而更侧重于一种冷艳、忧伤、唯美的氛围。在图片的调修过程中，每一步骤都力求细致入微，不可随意忽略，唯有用心才能做到精致。

5.7.1　极致黑白

　　黑白的商业照片我们见得很多，但它并不是单纯地进行黑白处理就可以，而是在整体的灰度、对比度等上面进行细致入微的调整，以期黑白的唯美感达到极致。

01　执行"文件>打开"命令，打开"Chapter 5\5.7\5.7.1\Media\冷艳中性色.jpg"图像文件。

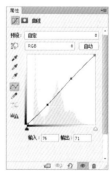
02　单击"创建新的填充或调整图层"按钮 ○.，在弹出的对话框中应用"曲线"命令，并拖曳线条适当设置各项参数，图像效果发生改变。

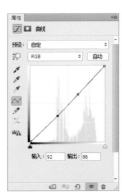

03 单击"创建新的填充或调整图层"按钮 ⦾，在弹出的对话框中应用"曲线"命令，并拖曳线条适当设置各项参数，图像效果发生细微改变。完成后填充其蒙版为黑色，然后在蒙版左下角适当涂抹白色，显示部分色调。

04 使用以上相同的方法，重复运用"曲线调整"命令对图像进行调整，并分别在其蒙版内适当涂抹黑色，隐藏部分色调，图像的色调发生改变。

05 单击"创建新的填充或调整图层"按钮 ⦾，在弹出的对话框中应用"自然饱和度"命令，并拖曳滑块适当设置各项参数，图像效果发生改变。

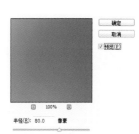

06 按 Ctrl+Shift+Alt+E 组合键盖印图层，生成"图层 1"。执行"滤镜 > 模糊 > 高斯模糊"命令，设置各项参数，完成后单击"确定"按钮。

07 设置"图层 1"的混合模式为"柔光","不透明度"为 55%,图像效果发生改变。

08 执行"图像 > 调整 > 阴影 / 高光"命令,在弹出的对话框中设置各项参数,单击"确定"按钮。至此,本案例制作完成。

5.7.2 忧伤怀旧风

怀旧的风格总是带着些许伤感。在对照片进行忧伤怀旧风格调整时,首先需要调整大体的色调,然后对图像的细节明暗进行调整,使画面效果细腻完美。

01 执行"文件 > 打开"命令,打开"Chapter 5\5.7\5.7.2\Media\忧伤怀旧风 .jpg"图像文件。

02 单击"创建新的填充或调整图层"按钮,在弹出的对话框中应用"亮度 / 对比度"命令,并拖曳滑块适当设置各项参数,图像效果发生改变。

03 单击"创建新的填充或调整图层"按钮 ，在弹出的对话框中应用"色相/饱和度"命令，并拖曳滑块适当设置各项参数，图像效果发生改变。

04 单击"创建新的填充或调整图层"按钮 ，在弹出的对话框中应用"曲线"命令，并拖曳线条适当设置各项参数。

05 填充"曲线1"的蒙版为黑色，然后在蒙版内适当涂抹白色，显示画面部分色调。

06 使用以上曲线操作的相同方法，添加曲线调整图层，并在其蒙版内适当涂抹，调整图像细节。结合自然/饱和度调整图像，并在其蒙版内适当涂抹，调整图像细节。

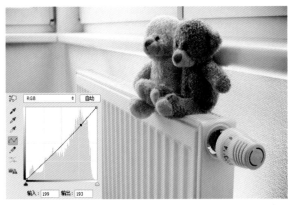

07 单击"创建新的填充或调整图层"按钮 ，在弹出的对话框中应用"曲线"命令，并拖曳线条适当设置各项参数，对图像进行整体曲线调整。

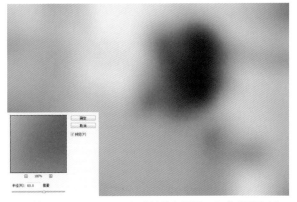

08 按Ctrl+Shift+Alt+E组合键盖印图层，生成"图层1"。执行"滤镜 > 模糊 > 高斯模糊"命令，设置各项参数，完成后单击"确定"按钮。

09 设置"图层1"的混合模式为"柔光","不透明度"为55%,图像效果发生改变。

10 单击"创建新的填充或调整图层"按钮 ○.,在弹出的对话框中应用"色相/饱和度"命令,并拖曳滑块适当设置各项参数,图像效果发生改变。

11 单击"创建新的填充或调整图层"按钮 ○.,在弹出的对话框中应用"亮度/对比度"命令,并拖曳滑块适当设置各项参数,图像效果发生改变。至此,本案例制作完成。

5.7.3 另类青紫色

青紫色色调能使图像更加清新、另类,别具韵味,调整时注意青色和紫色色调的掺杂浓淡及画面清爽自然的图像效果。

01 执行"文件>打开"命令，打开"Chapter 5\5.7\5.7.3\Media\另类青紫色 .jpg"图像文件。

02 单击"创建新的填充或调整图层"按钮 ，在弹出的对话框中应用"色彩平衡"命令，并拖曳滑块适当设置各项参数，图像效果发生改变。

03 单击"创建新的填充或调整图层"按钮 ，应用"亮度/对比度"命令，拖曳滑块适当设置各项参数。完成后在其蒙版内适当涂抹，隐藏部分色调。

04 单击"创建新的填充或调整图层"按钮 ，在弹出的对话框中分别应用"曲线"及"自然饱和度"命令，并分别设置各项参数，图像效果发生改变。

05 执行"图像>调整>阴影/高光"命令，在弹出的对话框中设置各项参数，单击"确定"按钮。至此，本案例制作完成。

5.7.4 暗褐低沉

暗褐色代表着一种成熟、稳重、低沉的厚重质感。本案例中的酒杯和香烟照片，将暗褐低沉、令人寻味的意境
完美地表现出来。

01 执行"文件 > 打开"
命令，打开"Chapter
5\5.7\5.7.4\Media\暗 褐 低
沉 .jpg"图像文件。

02 单击"创建新的填
充或调整图层"按
钮，应用"色彩平衡"
命令，并拖曳滑块适当设
置各项参数，完成后在其
蒙版内适当涂抹，隐藏部
分色调。

03 单击"创建新的填充或调整图层"按钮，应用"可选颜色"
命令，并在"红色"选项中设置各项参数。在其蒙版内
适当涂抹，隐藏部分色调。

04 单击"创建新的填充或调整图层"按钮，在弹出的对
话框中应用"自然饱和度"命令，并拖曳滑块设置各项
参数，图像效果发生改变。

05 单击"创建新的填充或调整图层"按钮 ⊙，在弹出的对话框中应用"亮度/对比度"命令，并拖曳滑块设置各项参数，图像效果发生改变。

06 单击"创建新的填充或调整图层"按钮 ⊙，在弹出的对话框中应用"曲线"命令，并拖曳线条适当设置各项参数，对图像进行整体曲线调整。

07 单击"创建新的填充或调整图层"按钮 ⊙，应用"可选颜色"命令，并在"红色"选项中设置各项参数。在其蒙版内适当涂抹黑色，隐藏部分色调。

08 按 Ctrl+Shift+Alt+E 组合键盖印图层，生成"图层 1"。设置"图层 1"的混合模式为"正片叠底"，"不透明度"为 30%。单击"添加图层蒙版"按钮 □，结合画笔工具 ✐ 在添加蒙版内适当涂抹，隐藏部分图像。

09 再次按 Ctrl+Shift+Alt+E 组合键盖印图层，生成"图层 2"。执行"滤镜＞模糊＞高斯模糊"命令，设置各项参数，完成后单击"确定"按钮。

10 设置"图层2"的混合模式为"深色",图像效果发生改变。

11 单击"添加图层蒙版"按钮■,结合画笔工具☑在添加蒙版内适当涂抹,隐藏酒杯、烟灰缸及香烟部分图像。至此,本案例制作完成。

5.7.5 幽兰绚丽

幽幽的蓝色调带着幽兰的气息,蓝色和紫色的完美搭配将本案例中幽远绚丽的画面意境绝佳地烘托出来。

01 执行"文件>打开"命令,打开"Chapter 5\5.7\5.7.5\Media\幽兰绚丽.jpg"图像文件。

02 单击"创建新的填充或调整图层"按钮●,在弹出的对话框中应用"色彩平衡"命令,并拖曳滑块适当设置各项参数,图像效果发生改变。

03 单击"创建新的填充或调整图层"按钮 ⊘,应用"可选颜色"命令,并在"红色"选项中设置各项参数,图像效果发生改变。

04 单击"创建新的填充或调整图层"按钮 ⊘,应用"亮度/对比度"命令,并拖曳滑块设置各项参数。在其蒙版内适当涂抹黑色,隐藏部分色调。

05 单击"创建新的填充或调整图层"按钮 ⊘,在弹出的对话框中应用"自然饱和度"命令,并拖曳滑块设置各项参数,图像效果发生改变。

06 单击"创建新的填充或调整图层"按钮 ⊘,在弹出的对话框中应用"曝光度"命令,并拖曳滑块适当设置各项参数,图像效果发生改变。

07 选择"曝光度1"的蒙版缩略图,在其蒙版内前景蛋糕位置涂抹黑色,隐藏部分色调,画面中蛋糕色调变暗。

08 单击"创建新的填充或调整图层"按钮 ⊘,应用"色彩平衡"命令,并拖曳滑块适当设置各项参数。完成后在其蒙版内适当涂抹,隐藏部分色调。

09 单击"创建新的填充或调整图层"按钮 ⊘.，应用"照片滤镜"命令，并适当设置各项参数。完成后设置其"不透明度"为 80%，并在其蒙版内适当涂抹，隐藏部分色调。

10 单击"创建新的填充或调整图层"按钮 ⊘.，应用"亮度／对比度"命令，并拖曳滑块设置各项参数。在其蒙版内适当涂抹黑色，隐藏部分色调。

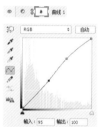

11 单击"创建新的填充或调整图层"按钮 ⊘.，应用"曲线"命令，并拖曳线条设置各项参数。在其蒙版内适当涂抹黑色，隐藏部分色调。至此，本案例制作完成。

5.7.6 紫色唯美

　　紫色的不同深浅、不同明暗搭配，可以完美地表现恋人间唯美的甜蜜氛围。在制作时需强调紫色调的对比，拉开画面的层次感。

01 执行"文件>打开"命令，打开"Chapter 5\5.7\5.7.6\Media\紫色唯美.jpg"图像文件。

02 单击"创建新的填充或调整图层"按钮 ，在弹出的对话框中应用"色彩平衡"命令，并拖曳滑块适当设置各项参数，图像效果发生改变。

03 单击"创建新的填充或调整图层"按钮 ，在弹出的对话框中应用"亮度/对比度"命令，并拖曳滑块适当设置各项参数，图像效果发生改变。

04 单击"创建新的填充或调整图层"按钮 ，选择"可选颜色"命令，并在"红色"、"黄色"、"洋红"和"中性色"选项中拖曳滑块，设置各项参数。

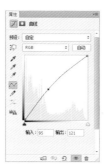

05 单击"创建新的填充或调整图层"按钮 ⊙ ，应用"曲线"命令，并拖曳线条设置各项参数，图像效果发生改变。

06 单击"创建新的填充或调整图层"按钮 ⊙ ，应用"自然饱和度"命令，并拖曳滑块设置各项参数。在其蒙版内适当涂抹黑色，隐藏部分色调。

07 按 Ctrl+Shift+Alt+E 组合键盖印图层，生成"图层 1"。执行"滤镜 > 模糊 > 高斯模糊"命令，设置各项参数，完成后单击"确定"按钮。

08 设置"图层 2"的混合模式为"正片叠底"，"不透明度"为 20%。单击"添加图层蒙版"按钮 ▣ ，结合画笔工具 ∕ 在添加蒙版内涂抹，隐藏图像。

09 再次按 Ctrl+Shift+Alt+E 组合键盖印图层，生成"图层 2"。单击污点修复画笔工具按钮 ∕ ，单击人物身上的痣，去除画面杂点，使图像更完美。

10 单击"创建新的填充或调整图层"按钮 ⊙ ，应用"亮度 / 对比度"命令，并拖曳滑块设置各项参数，完成后设置其不透明度为 70%。在其蒙版内适当涂抹黑色，隐藏部分色调。至此，本案例制作完成。

5.7.7 咖啡冷艳调

咖啡的色调通常是暖暖的棕色色调，而咖啡冷艳调不同于咖啡暖色调，它能将画面中幽冷的咖啡质感更好地表现出来，呈现出冷艳个性的画面意境。

01 执行"文件>打开"命令，打开"Chapter 5\5.7\5.7.7\Media\咖啡冷艳调.jpg"图像文件。

02 单击"创建新的填充或调整图层"按钮，在弹出的对话框中应用"色彩平衡"命令，并拖曳滑块适当设置各项参数，图像效果发生改变。

03 单击"创建新的填充或调整图层"按钮，在弹出的对话框中应用"亮度/对比度"命令，并拖曳滑块适当设置各项参数，图像效果发生改变。

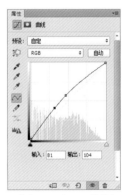

04 单击"创建新的填充或调整图层"按钮，应用"曲线"命令，并拖曳线条设置各项参数。在其蒙版内适当涂抹黑色，隐藏部分色调。

05 新建"图层1"，单击渐变工具按钮，设置前景色为蓝色，然后在右侧绘制渐变。设置"图层1"的混合模式为"滤色"，"不透明度"为10%。

06 单击"创建新的填充或调整图层"按钮，应用"可选颜色"命令，并在"红色"选项中设置各项参数，图像效果发生改变。

07 单击"创建新的填充或调整图层"按钮，应用"色相/饱和度"命令，选择"青色"，并设置各项参数。在其蒙版内涂抹黑色，隐藏部分色调。

08 单击"创建新的填充或调整图层"按钮，在弹出的对话框中应用"自然饱和度"命令，并拖曳滑块适当设置各项参数，图像效果发生改变。

09 按Ctrl+Shift+Alt+E组合键盖印图层，生成"图层2"。设置"图层2"的混合模式为"正片叠底"，"不透明度"为50%。

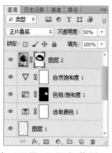

10 单击"添加图层蒙版"按钮 ◻，为"图层 2"添加蒙版，结合画笔工具按钮 ✎ 在添加蒙版内适当涂抹，隐藏部分图像。

11 再次按 Ctrl+Shift+Alt+E 组合键盖印图层，生成"图层 3"。单击污点修复画笔工具按钮 ✎，在盘子上涂抹，去除画面杂点。至此，本案例制作完成。

第6章 商业照片抠取技巧

商业照片抠取技巧是商业数码照片精修的必然步骤。无论是前期的摄影，还是后期的照片抠取，都要把握照片抠取的商业性，增强照片的艺术感，使照片的艺术性与商业性完美地融合在一起，同时提高照片质量及可观赏性。因此后期的商业照片抠取技巧，是商业摄影图像处理的关键所在。它往往具有化腐朽为神奇的功效，学会它将会使你的设计生涯如虎添翼。

6.1 抠取轮廓清晰照片

抠取轮廓清晰照片是商业照片抠取最基本的操作。它主要是运用钢笔工具 、魔棒工具 、快速选取工具 、多边形套索工具 和磁性套索工具 等来进行图片的抠取，并将抠取的图片添加到另一个符合情景的图片中去，使图片具有一定的意义，从而运用于商业修片。

◆抠取数码产品

抠取数码产品主要是指将图片中的商业数码产品抠取出来，并添加到另一个符合情景的图片中去，以使整体图片效果别具意味。抠取数码产品是商业数码产品修片中经常会运用的图像处理方式，操作方法多种多样，但最终结果只有一个，即让抠出的商业数码产品更加具有卖点和意义。

知识提点：快速选取工具

快速选取工具可以通过调整画笔的笔触、硬度和间距等参数而快速通过单击或拖曳创建选区。拖曳时，选区会向外扩展并自动查找和跟随图像中定义的边缘，从而将图像抠出。

01 执行"文件>打开"命令，打开"Chapter 6\6.1\Media\抠取数码产品.jpg"图像文件。复制背景图层，生成"图层1"。

02 单击快速选择工具按钮 ，按Shift键在图片背景上连续单击，选择耳机以外的区域，得到背景的大部分选区。

03 按 Shift+Ctrl+I 组合键反选选中的选区，得到耳机和部分背景选区。

04 关闭背景图层的可见性，单击"添加图层蒙版"按钮 ◻ ，将耳机和部分背景抠出。

05 单击钢笔工具按钮 ◻ ，在其属性栏中设置属性为"路径"，并在画面上勾选其耳机以外的背景，同时单击鼠标右键选择"创建选区"选项，设置其羽化参数，得到耳机以外的背景选区。

06 设置前景色为黑色，并在该图层的图层蒙版上按 Alt+Delete 组合键将选区填充为黑色将耳机抠出。

07 执行"文件 > 打开"命令，打开"Chapter 6\6.1\Media\ 抠取数码产品 2.jpg"图像文件，生成背景图层。

08 将前面抠出的耳机拖曳到当前文件图像中，得到"图层 1"，按 Ctrl+T 组合键变换图像大小。

09 选择"图层 1"，按 Ctrl+J 组合键复制得到"图层 1 副本"，按 Ctrl+T 组合键变换图像大小，并将其放至画面合适的位置。将耳机添加到另一个符合情景的图片中去，使整体图片效果别具意味。

◆抠取组合沙发

抠取组合沙发主要是指将图片中的组合沙发抠出，添加到另一个符合情景的图片中去，使整体图片更具有温馨的画面效果。抠取组合沙发是商业家具修片中经常会运用的图像处理方式，操作方法多种多样，但最终都能制作出温馨的画面效果。

10 新建"图层2"，将其移至"图层1副本"下方，按住Ctrl键并单击鼠标左键选择"图层1副本"的图层蒙版，得到耳机的选区，设置前景色为黑色，按Alt+Delete组合键将其填充为黑色。使用Ctrl+T组合键变换图像大小制作其阴影，并设置混合模式为"正片叠底"、"不透明度"为46%。执行"滤镜>模糊>高斯模糊"命令，并在弹出的对话框中设置参数，制作其真实的阴影效果。至此，本案例制作完成。

知识提点：磁性套索工具

使用磁性套索工具抠取轮廓明显的图形是非常好用和常用的。当需要处理的图形与背景有颜色上的明显反差时，磁性套索工具尤其好用。这种反差越明显，磁性套索工具抠像就越精确。

01 执行"文件>打开"命令，打开"Chapter 6\6.1\Media\抠取组合沙发.jpg"图像文件。复制背景图层，生成"图层1"。

02 使用磁性套索工具 沿着沙发的轮廓依次抠取，即可得到沙发的大体轮廓选区。

03　单击"添加图层蒙版"按钮 □，单击背景图层的"指示图层可见性"按钮 ◉，即可关闭背景图层的可见性，从而清晰地看见抠取出来的沙发的大体轮廓。

04　单击背景图层的"指示图层可见性"按钮 ◉，即打开背景图层的可见性，使用钢笔工具按钮 在其属性栏中设置属性为"路径"，并在画面上勾选沙发轮廓边缘未选中的部分，同时单击鼠标右键选择"创建选区"选项，设置其羽化参数，得到其选区。在"图层1"的蒙版上设置前景色为白色，按 Alt+Delete 组合键将其选区填充，将沙发完整地抠出，并再次关闭背景图层的可见性。

05　执行"文件 > 打开"命令，打开"Chapter 6\6.1\Media\ 抠取组合沙发 2.jpg"图像文件，生成背景图层。

06　将前面抠出的组合沙发拖曳到当前文件图像中，得到"图层1"，使用 Ctrl+T 组合键变换图像大小。

07　使用移动工具按钮 将其放于画面合适的位置，使画面看起来生动且富有童趣。

08　使用 Ctrl+T 组合键变换图像大小，制作组合式沙发在画面中合适的比例。

09 制作完成后，按Enter键确定图像的变换。

10 新建"图层2"，将其移至"图层1副本"下方，设置前景色为黑色，单击画笔工具按钮☑选择柔角画笔并适当调整大小及透明度，在图层上沙发下方适当涂抹其阴影，设置混合模式为"正片叠底"，"不透明度"为42%，制作沙发真实阴影。至此，本案例制作完成。

◆抠取房产建筑

抠取房产建筑主要是指将图片中的房产建筑抠出，添加到另一个符合情景的图片中去，使整体图片更具有商业性和艺术性。抠取房产建筑是商业售楼修片中经常会运用的图像处理方式，操作方法多是运用多边形套索工具将其轮廓抠出，并进一步制作。

知识提点：多边形套索工具

多边形套索工具多用于抠取轮廓较为明显的图形图像，如楼房、书本等，这种情况下抠图会十分快捷精确。

01 执行"文件>打开"命令，打开"Chapter 6\6.1\Media\抠取房产建筑.jpg"图像文件。复制背景图层，生成"图层1"。

02 使用多边形套索工具☑将其楼房的轮廓抠出得到选区，并单击"添加图层蒙版"按钮◙，将其抠出。

03 执行"文件>打开"命令，打开"Chapter 6\6.1\Media\ 抠取房产建筑 2.jpg"图像文件，生成背景图层。

04 将前面抠出的楼房轮廓拖曳到当前文件图像中，得到"图层 1"，使用 Ctrl+T 组合键变换图像大小，并将其放至画面合适的位置。至此，本案例制作完成。

◆抠取可口食物

抠取可口食物主要是指将图片中可口的食物抠出，添加到另一个具有艺术气息的背景中，使食物的可口性增强，抠取可口食物是商业制作食物修片中经常会运用的图像处理方式，操作方法主要是运用钢笔工具 [图] 抠取其轮廓进行制作。

知识提点：钢笔工具

使用钢笔工具沿着需要的图形边上先单击一下，接下来沿着物体的边线在不远处再单击一下，这时左键不要放松，往左右拉会让两点之间直线变为弧线，当弧线重合边线后，放开鼠标单击下一点，以此类推。当最后一个节点距第一个节点不远时，第一个节点会变成一个小圆圈，单击这个小圆圈，将需要抠取的路径绘制好后通过"创建选区"得到需要抠取物体的选区。

01 执行"文件>打开"命令，打开"Chapter 6\6.1\Media\ 抠取可口食物 .jpg"图像文件。复制背景图层，生成"图层 1"。

02 单击钢笔工具按钮 [图]，在其属性栏中设置属性为"路径"，并在画面上勾选其食物，并单击鼠标右键选择"创建选区"选项，设置其羽化参数，得到食物选区。

03 单击"创建新的填充或调整图层"
按钮 ，并单击背景图层的"指示
图层可见性"按钮 ，即可关闭背景图
层的可见性，从而清晰地看见抠取出来
的食物。

04 执行"文件>打开"命令，打开"Chapter
6\6.1\Media\抠取可口食物.jpg"
图像文件，生成背景图层。

05 将前面抠出的可口食物拖曳到当前
文件图像中，得到"图层1"，使
用 Ctrl+T 组合键变换图像大小。

06 使用移动工具 将其放至画面合适
的位置，并添加到另一个具有艺术气
息的背景中，使食物的可口性增强。

07 新建"图层2"，将其移至"图层1副本"下方，按住 Ctrl 键并单击鼠标左键选择"图
层1副本"的图层蒙版，得到食物的选区，设置前景色为黑色，按 Alt+Delete
组合键将其填充为黑色。使用 Ctrl+T 组合键变换图像大小制作阴影。

知识提点：利用渐变工具制作阴影

在制作物体投影的过程中常常
会制作得十分僵硬，这就要利用渐变
工具来制作物体的投影。在制作好投
影的大体效果后，单击"添加图层蒙
版"按钮 并使用渐变工具 ，设
置渐变颜色为黑色到透明色的线性渐
变，并在图层蒙版上拖出需要的渐变
制作其真实的投影效果。

08 设置混合模式为"正片叠底"，"不透明度"为 30%。
执行"滤镜>模糊>高斯模糊"命令，在弹出的对话框
中设置参数，并为其添加蒙版使用渐变工具制作真实的阴影效
果。至此，本案例制作完成。

◆抠取鲜嫩水果

　　抠取鲜嫩水果主要是指将图片中鲜嫩的水果抠出后，添加到另一个具有艺术气息的背景中，使画面的趣味性增强。抠取鲜嫩水果是商场超市修片中经常会运用的图像处理方式，操作方法多种多样，最终是将其抠出放于合适的图片上以增强画面的趣味性。

01 执行"文件＞打开"命令，打开"Chapter 6\6.1\Media\抠取鲜嫩水果 .jpg"图像文件。复制背景图层，生成"图层 1"。

02 使用魔棒工具 在"图层 1"上的单色背景上按 Shift 键连续单击，选择其粉色的背景。

03 按 Shift+Ctrl+I 组合键反选选中的选区，得到其粉色背景以外的水果选区。

04 单击"添加图层蒙版"按钮 并单击背景图层的"指示图层可见性"按钮 ，即可关闭背景图层的可见性，从而清晰地看见抠取出来的水果。

05 再使用钢笔工具 ✎ 在其属性栏中设置属性为"路径"，并在画面上勾选水果以外的背景。同时单击鼠标右键选择"创建选区"选项，设置其羽化参数，得到水果以外的背景选区。

06 设置前景色为黑色，并在该图层的图层蒙版上，按Alt+Delete组合键将其选区填充为黑色并将水果抠出。

07 执行"文件 > 打开"命令，打开"Chapter 6\6.1\Media\抠取鲜嫩水果 .jpg"图像文件，生成背景图层。

08 将前面抠出的可口食物拖曳到当前文件图像中，得到"图层 1"。

09 使用 Ctrl+T 组合键变换图像大小，并将其放至画面合适的位置，栅格化图层。

10 新建"图层 2"，将其移至"图层 1 副本"下方，按住 Ctrl 键并单击鼠标左键选择"图层 1 副本"的图层蒙版，得到食物的选区，设置前景色为黑色，按 Alt+Delete 组合键将其填充为黑色，"不透明度"为 43%，并添加蒙版使用渐变工具添加渐变。至此，本案例制作完成。

◆抠取化妆品

抠取化妆品主要是指将图片中的化妆瓶抠出，添加到另一个环境更为适合的图片中去，以增强化妆瓶的艺术性和商业性。抠取化妆品是商业化妆品修片中经常会运用的图像处理方式，集合不同的操作方法，将画面中的化妆品抠出制作成具有深夜效果的化妆品修片。

知识提点：利用通道抠图

　　有些图像在通道中的不同颜色模式下显示颜色的深浅会有所不同，而利用这些差异可以进行快速的图像选择，进而进行完美的抠图。

01　执行"文件>打开"命令，打开"Chapter 6\6.1\Media\ 抠取化妆品.jpg"图像文件。复制背景图层，生成"图层1"。

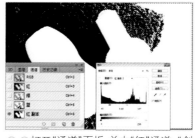

02　打开"通道"面板，单击"红"通道，"创建新通道"按钮得到"红副本"通道，按 Ctrl+L 组合键调整通道的色阶使其黑白对比分明。

03　按住 Ctrl 键并单击鼠标左键选择"红副本"通道，得到其白色部分的选区，回到 RGB 图层，会得到化妆品轮廓和部分背景选区。

04　再使用快速选取工具单击其属性栏中的减选选项，按 Shift 键在图片背景上连续单击将化妆品以外的选区减选，得到化妆品轮廓的选区。

05　单击"添加图层蒙版"按钮并单击背景图层的"指示图层可见性"按钮，即可关闭背景图层的可见性，从而清晰地看见抠取出来的化妆品。

06　执行"文件>打开"命令，打开"Chapter 6\6.1\Media\ 抠取化妆品 2.jpg"图像文件，生成背景图层。

07 将前面抠出的化妆品拖曳到当前文件图像中，得到"图层1"。单击鼠标右键选择"栅格化图层"选项，使用 Ctrl+T 组合键变换图像大小，并将其放至画面合适的位置。

08 使用套索工具 将两个化妆品单独勾选出来，使用移动工具 将其移至画面合适的位置。

09 继续使用相同的方法，并使用 Ctrl+T 组合键变换图像大小，并将其放至画面合适的位置。

10 使用颜色替换工具 按住 Alt 键选择需要替换的颜色，将画面上化妆品颜色中的蓝色替换成符合画面整体色调的橘色。

11 新建"图层2"，将其移至"图层1"的下方，设置前景色为黑色，单击画笔工具按钮 ，选择柔角画笔并适当调整大小及透明度，在画面上添加的化妆品下方绘制其阴影效果。

12 选择"图层2"设置其"不透明度"为71%。至此，本实例制作完成。

6.2　抠取色彩明确照片

　　抠取色彩明确照片是商业照片抠取中需要掌握的操作。它主要是通过通道的差异性和通过色阶调整配合通道进行抠图，并结合钢笔工具 、魔棒工具 、快速选取工具 等来进行图片的抠取，并将抠取的图片添加到另一个符合情景的图片中去，使图片具有一定的价值，从而运用于商业修片。

◆抠取珠宝首饰

　　抠取珠宝首饰主要是指将图片中的珠宝首饰抠取出来，并添加到另一个符合情景的图片中去，使整体图片别具复古高端的效果。抠取珠宝首饰是商业珠宝修片中经常会运用的图像处理方式，操作方法多种多样，让抠出的珠宝首饰更具卖点和意义。

知识提点：裁剪工具

　　裁剪工具是我们经常使用的工具，在修改图片大小的时候首先选择的就是裁剪工具，它可以简单快速地将图片裁剪成需要的大小。

01 执行"文件＞打开"命令，打开"Chapter 6\6.2\Media\抠取珠宝首饰.jpg"图像文件。复制背景图层,生成"图层1"。

02 使用裁剪工具，将需要抠出的珠宝留下，将图片多余的部分裁剪并按 Enter 键确定裁剪。单击钢笔工具按钮，在其属性栏中设置属性为"路径"，并在画面上勾选其需要的珠宝，同时单击鼠标右键选择"创建选区"选项，设置其羽化参数，得到珠宝的选区。

03 单击"添加图层蒙版"按钮，并单击背景图层的"指示图层可见性"按钮，即可关闭背景图层的可见性，从而清晰地看见抠取出来的珠宝。

04 执行"文件＞打开"命令，打开"Chapter 6\6.2\Media\抠取珠宝首饰 2.jpg"图像文件，生成背景图层。

05 将前面抠出的珠宝拖曳到当前文件图像中，得到"图层1"。

06 单击鼠标右键选择"栅格化图层"选项，使用 Ctrl+T 组合键变换图像大小，并将其放至画面合适的位置。

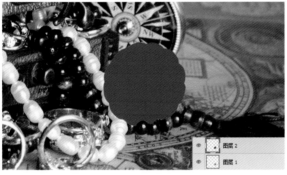

07 按住 Ctrl 键并单击鼠标左键选择"图层1"，得到"图层1"的选区，新建"图层2"，设置前景色为土红色（R168、G40、B15），按 Alt+Delete 组合键将其填充。

08 设置混合模式为"正片叠底"，"不透明度"为 14%，使珠宝与画面色调统一。至此，本案例制作完成。

◆ 抠取雕塑建筑

　　抠取雕塑建筑主要是指将图片中的雕塑或建筑抠取出来，并添加到另一个符合情景的图片中去，使整体图片效果更加时尚。抠取雕塑建筑是商业建筑修片中经常会运用的图像处理方式，操作方法主要是将背景先抠除，再结合多种抠图工具将其抠出，以制作商业建筑效果。

01 执行"文件>打开"命令，打开"Chapter 6\6.2\Media\抠取雕塑建筑.jpg"图像文件。复制背景图层，生成"图层1"。

02 使用快速选取工具，按Shift键在图片背景上连续单击，选择雕塑以外的区域，得到背景的天空部分选区。

03 单击"添加图层蒙版"按钮　并单击背景图层的"指示图层可见性"按钮，即可关闭背景图层的可见性，从而清晰地看见抠取出来的雕塑。

04 执行"文件>打开"命令，打开"Chapter 6\6.2\Media\抠取雕塑建筑.jpg"图像文件，生成背景图层。

05 将前面抠出的雕塑拖曳到当前文件图像中，得到"图层1"。

06 在"图层1"上使用多边形套索工具　将雕塑下面的房屋部分勾选出来，并按Delete键将其删除，然后按Ctrl+D组合键取消选区。

07 使用 Ctrl+T 组合键变换图像大小，并将其放至画面合适的位置。使用钢笔工具 ✐ 在其属性栏中设置属性为"路径"，并在画面上勾选画面中需要雕塑的弧度以外不需要的部分并单击鼠标右键选择"创建选区"选项，设置其羽化参数，得到其选区。按 Delete 键将其删除，然后按 Ctrl+D 组合键取消选区。

08 新建"图层 2"，设置混合模式为"柔光"，按住 Alt 键并单击鼠标左键，创建其图层剪贴蒙版。选择"图层 2"，按 Ctrl+J 组合键复制得到"图层 2 副本"，继续按住 Alt 键并单击鼠标左键，创建其图层剪贴蒙版。单击"添加图层蒙版"按钮 ⬜，单击渐变工具按钮 ▣，设置渐变颜色为黑色到透明色的线性渐变。在其蒙版上拖出渐变，制作雕像的颜色使其与后面的建筑融为一体，并制作光影效果。

知识提点：抠取含有天空的图片

含有天空的图片一般天空的颜色与外界的颜色相差较大并且天空自身的颜色较为接近，所以使用魔棒工具 ✐ 或快速选取工具 ✐ 将天空抠出后，再进行后面的抠取较为方便。或使用魔术橡皮擦工具 ✐ 将天空抠去都是非常方便简单的抠取含有天空图片的方式。

◆ 抠取花瓶

抠取花瓶主要是指将图片中的花瓶抠取出来，并添加到另一个室内情景的图片中去，使整体图片更具有家居效果和风情。抠取花瓶是商业产品装修片中经常会运用的图像处理方式，操作方法多种多样，让抠出的花瓶更具卖点和意义。

知识提点：抠取单一的图形

抠取单一的图形最好使用钢笔工具 。钢笔工具虽然看上去十分麻烦，但在抠取单一的物体时使用钢笔工具便可使需要的图形更加方面且清晰地被抠出。

01 执行 "文件 > 打开" 命令，打开 "Chapter 6\6.2\Media\ 抠取花瓶 .jpg" 图像文件。复制背景图层，生成 "图层 1"。

02 单击钢笔工具按钮 ，在其属性栏中设置属性为 "路径"，并在画面上勾选花瓶并单击鼠标右键选择 "创建选区" 选项，设置其羽化参数，得到花瓶的选区。

03 单击 "添加图层蒙版" 按钮 并单击背景图层的 "指示图层可见性" 按钮 ，即可关闭背景图层的可见性，从而清晰地看见抠取出来的花瓶。

04 执行 "文件 > 打开" 命令，打开 "Chapter 6\6.2\Media\ 抠取花瓶 2.jpg" 图像文件，生成背景图层。

05 将前面抠出的花瓶拖曳到当前文件图像中，得到"图层1"，选择图层单击鼠标右键选择"栅格化图层"选项。

06 使用 Ctrl+T 组合键变换图像大小，使用移动工具，并将其放至画面合适的位置。

07 新建"图层2"，将其移至"图层1"下方，设置前景色为黑色，使用画笔工具选择柔角画笔并适当调整大小及透明度，在画面上花瓶下方适当涂抹，制作其阴影效果。

08 选择"图层2"，设置混合模式为"正片叠底"，"不透明度"为83%。制作花瓶阴影效果，使其自然地放置在上面。至此，本实例制作完成。

◆抠取花朵图像

　　抠取花朵图像主要是指将图片中的花朵抠取出来，并添加到另一个具有不一样情调的情景中去，使整体图片别具意味和艺术效果。抠取花朵图像是商业修片中经常会运用的图像处理方式，操作方法多种多样，让抠出的花朵图像更具画面效果。

知识提点：通过色阶命令调整配合通道抠图

　　色阶命令有一个非常实用的功能，可设置图像的黑场和白场。利用该功能并配合通道可以快速指定颜色选区，进行快速抠图，将画面中需要的图形抠出。

01 执行"文件＞打开"命令，打开"Chapter 6\6.2\Media\抠取花朵图像.jpg"图像文件。复制背景图层，生成"图层1"。

02 打开"通道"面板，单击"红"通道，"创建新通道"按钮　得到"红副本"通道，按 Ctrl+L 组合键调整通道的色阶使其黑白对比分明。

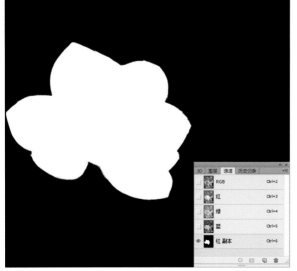

03 设置前景色为黑色，单击画笔工具按钮　选择尖角画笔，并适当调整大小，在画面四周涂抹，将其主体白色的花朵突出。

04 按住 Ctrl 键并单击鼠标左键选择"红副本"通道，得到花朵的选区，回到 RGB 图层，得到抠出的花朵选区。

05 再使用磁性套索工具 将多选的和未选的选区勾画出来得到完整的花朵选区。

06 按Ctrl+J组合键复制得到"图层2",并单击背景图层的"指示图层可见性"按钮 ,即可关闭背景图层的可见性,从而清晰地看见抠取出来的花朵。

07 执行"文件 > 打开"命令,打开"Chapter 6\6.2\Media\抠取花朵图像 2.jpg"图像文件,生成背景图层。

08 将前面抠出的花朵拖曳到当前文件图像中,得到"图层1"。

09 使用 Ctrl+T 组合键变换图像大小,并将其放至画面合适的位置,使画面富有一定的小情趣。

10 使用颜色替换工具 按住 Alt 键选择需要替换的颜色,将画面上花朵中多余的绿色替换成符合画面整体的紫色调。

11 选择背景图层，单击"创建新的填充或调整图层"按钮 ◎，在弹出的菜单中选择"色彩平衡"选项设置参数，调整其背景的色调。

12 选择"图层1"单击"添加图层样式"按钮 fx，选择"投影"选项并设置参数，制作图案阴影效果。至此，本实例制作完成。

知识提点：投影样式

任何物体背光的部分皆会产生投影，如果在一个较光亮的面上还会折射出物体的倒影，如水面、玻璃桌面、大理石地面等。给物体做上阴影会显得更加真实且有立体感。选择图层单击"添加图层样式"按钮 fx，选择"投影"选项并设置参数，制作图案阴影效果。

◆抠取汽车

抠取汽车主要是指将图片中的汽车抠取出来，并添加到另一个符合情景的图片中去，使整体图片效果高端大气。抠取汽车是商业汽车修片中经常会运用的图像处理方式，操作方法多种多样，但最终结果都是让抠出的汽车更具卖点和视觉效果。

01 执行"文件＞打开"命令，打开"Chapter 6\6.2\Media\抠取汽车.jpg"图像文件。复制背景图层，生成"图层1"。

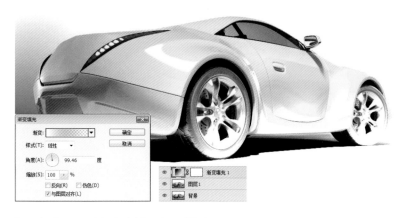

02 单击"创建新的填充或调整图层"按钮 ，在弹出的菜单中选择"渐变填充"选项设置参数，调整画面的色调，为后面使用通道抠图打下基础和铺垫。

知识提点：通过渐变映射配合通道抠图

"渐变映射"调整将相等的图像灰度范围映射到指定的渐变填充颜色。如果指定双色渐变填充，如图像中的阴影映射到渐变填充的一个端点颜色，则中间映射到两个端点颜色之间的渐变，从而将图像通过渐变映射配合通道抠出。

03 打开"通道"面板，单击"蓝"通道，"创建新通道"按钮 得到"蓝副本"通道，按 Ctrl+L 组合键调整通道的色阶使其黑白对比分明。

04 按住 Ctrl 键并单击鼠标左键选择"蓝副本"通道，得到花朵的选区，回到 RGB 图层。得到部分车子的选区，单击"渐变填充 1"图层的"指示图层可见性"按钮 ，将其可视性关闭，再使用快速选取工具 快速得到车子选区。

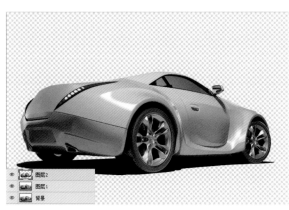

05 按 Ctrl+J 组合键复制得到"图层 2"。

06 执行"文件 > 打开"命令，打开"Chapter 6\6.2\Media\ 抠取汽车 2.jpg"图像文件，生成背景图层。

07 将前面抠出的汽车拖曳到当前文件图像中，得到"图层1"。

08 使用Ctrl+T组合键变换图像大小，并将其放至画面合适的位置。至此，本案例制作完成。

6.3 抠取复杂毛发照片

抠取复杂毛发照片是商业照片抠取最基本的较为复杂的操作。它主要是通过使用通道抠图再结合图层的混合模式，将复杂毛发照片图片抠取出来，并将抠取的图片添加到另一个符合情景的图片中去，使图片具有一定的商业价值，从而运用于商业修片。

◆抠取模特发丝

抠取模特发丝主要是指将图片中人物的发丝抠取出来，并添加到另一个符合情景的图片中，使用一定的图层混合模式，使整体图片具有一定的趣味性。抠取模特发丝是商业人物修片中经常会运用的图像处理方式，操作方法主要是使用通道抠图并结合色阶命令和图层混合模式让抠出的商业数码人物照片更具意义和一定的艺术效果。

知识提点：了解通道中的颜色关系

在通道中，只有黑、白、灰三种颜色，层次关系非常明显。白色表示需要处理的部分，黑色表示不需要处理的部分，灰色表示中间过渡的颜色，介于选择与非选择之间。

01 执行"文件>打开"命令,打开"Chapter 6\6.3\Media 抠取模特发丝 .jpg"图像文件。复制背景图层,生成"图层 1"。

02 打开"通道"面板,单击"蓝"通道,"创建新通道"按钮得到"蓝副本"通道,按 Ctrl+L 组合键调整通道的色阶使其黑白对比分明。

03 设置前景色为黑色,单击画笔工具按钮选择尖角画笔,并适当调整大小,在画面涂抹,将主体涂出。

04 按住 Ctrl 键并单击鼠标左键选择"蓝副本"通道,得到人物选区,并回到 RGB 图层。

05 按 Ctrl+J 组合键复制得到"图层 2",并单击背景图层和"图层 1"的"指示图层可见性"按钮,即可关闭背景图层的可见性,从而清晰地看见扣取出来的人物。

06 执行"文件>打开"命令,打开"Chapter 6\6.3\Media\ 抠取模特发丝 2.jpg"图像文件,生成背景图层。

07 将前面抠出的人物拖曳到当前文件图像中,得到"图层 1",使用 Ctrl+T 组合键变换图像大小,并将其放至画面合适的位置,设置混合模式为"正片叠底"。

08 按 Ctrl+J 组合键复制得到"图层 1副本",并将其混合模式改为"正常",单击"添加图层蒙版"按钮,单击画笔工具按钮选择柔角画笔并适当调整大小及透明度,在蒙版上对人物头发边缘进行涂抹,使其发丝自然地与背景图相结合。

09 执行"文件 > 打开"命令，打开 01.png 文件，拖曳到当前文件图像中，生成"图层 2"。打开 02.png 文件，拖曳到当前文件图像中，生成"图层 3"，使用 Ctrl+T 组合键变换图像大小，并将其放至画面合适的位置。分别设置其混合模式为"浅色"和"叠加"。

10 执行"文件 > 打开"命令，打开 01.png 文件，拖曳到当前文件图像中，生成"图层 3"。使用 Ctrl+T 组合键变换图像大小，并将其放至画面合适的位置，设置混合模式为"滤色"。至此，本案例制作完成。

◆抠取宠物毛发

抠取宠物毛发主要是指将图片中的宠物毛发抠取出来，并添加到另一个符合情景的图片中去，使整体图片效果具有一定的生活气息和生动性。抠取宠物毛发是商业数码照片修片中经常会运用的图像处理方式，操作方法主要是使用通道抠图并结合色阶命令和图层混合模式及图层蒙版增强画面的有趣性和生动性。

知识提点：制作真实的毛发效果

　　制作真实的毛发效果不但要运用通道抠图并结合色阶命令将其毛发抠出，而且要配合使用图层混合模式和图层蒙版制作出真实的毛发效果。主要方法是将毛发抠出后得到的图层复制一层，在其下一图层上设置其推出混合模式为"正片叠底"，再回到复制的"正常"图层上，单击"添加图层蒙版"按钮 ，单击画笔工具按钮 选择柔角画笔并适当调整大小及透明度，在蒙版上对其边缘部分进行涂抹，制作出真实的毛发效果。

01 执行"文件>打开"命令，打开"Chapter 06\6.3\Media\抠取宠物毛发.jpg"图像文件。复制背景图层，生成"图层1"。

02 打开"通道"面板，单击"红"通道，"创建新通道"按钮 得到"红 副本"通道。

03 按Ctrl+L组合键调整通道的色阶，使其黑白对比分明。

04 分别设置前景色为黑色和白色，单击画笔工具按钮 选择尖角画笔，并适当调整大小，在画面涂抹，将主体涂出。

05 按住Ctrl键并单击鼠标左键选择"红 副本"通道，得到其小狗的选区，并回到RGB图层。

06 单击"添加图层蒙版"按钮 ▣ 并单击背景图层的"指示图层可见性"按钮 ◉，即可关闭背景图层的可见性，从而清晰地看见抠取出来的小狗。

07 执行"文件 > 打开"命令，打开 "Chapter 6\6.3\Media\ 抠取宠物毛发 2.jpg"图像文件，生成背景图层。

08 将前面抠出的小狗拖曳到当前文件图像中，得到"图层 1"，使用 Ctrl+T 组合键变换图像大小，并将其放至画面合适的位置。

09 继续使用 Ctrl+T 组合键变换图像方向。

10 选择"图层 1"，并设置其混合模式为"柔光"。

11 选择"图层1",按Ctrl+J组合键复制得到"图层1副本",为后面进一步制作宠物真实的毛发打下基础。

12 更改其混合模式为"正常",得到小狗清晰的图像,并在其蒙版上单击画笔工具按钮☑,设置前景色为黑色,选择柔角画笔并适当调整大小及透明度,涂抹其边缘部分,使其毛发自然地生长在图片上。

13 选择"图层1副本",再次按Ctrl+J组合键复制得到"图层1副本"。

14 更改其混合模式为"浅色",提亮小狗的图像,使其和画面更加吻合。

15 新建"图层2",将其移至"图层1"下方,单击画笔工具按钮☑,设置前景色为黑色,选择柔角画笔并适当调整大小及透明度,涂抹出阴影。

16 设置混合模式为"正片叠底","不透明度"为29%,制作自然的阴影效果。至此,本案例制作完成。

◆抠取凶猛野兽

抠取凶猛野兽主要是指将图片中的凶猛野兽抠取出来，并添加到另一个符合情景的图片中去，使整体图片动物的生活气息增加，使画面更具可看性。抠取凶猛野兽是商业数码照片修片中经常会运用的图像处理方式，操作方法主要是使用快速蒙版工具将其凶猛野兽抠取，增强画面的层次感和丰富性。

01 执行"文件 > 打开"命令，打开"Chapter 6\6.3\Media\ 抠取凶猛野兽.jpg"图像文件。复制背景图层，生成"图层 1"。

02 单击快速蒙版按钮，并单击画笔工具按钮选择尖角画笔并适当调整大小及透明度，在需要抠取的物体上涂抹。

03 继续使用画笔工具，选择柔角画笔并适当调整大小及透明度，在画面上涂抹出动物毛发边缘部分。

04 再次单击快速蒙版按钮，得到动物的选区。

05 单击"添加图层蒙版"按钮 ◻ 并单击"背景"图层的"指示图层可见性"按钮 ◉，即可关闭背景图层的可见性，从而清晰地看见抠取出来的野熊。

06 执行"文件 > 打开"命令，打开"Chapter 6\6.3\Media\ 抠取凶猛野兽 2.jpg"图像文件，生成"背景"图层。

07 将前面抠出的野熊拖曳到当前文件图像中，得到"图层 1"。

08 使用 Ctrl+T 组合键变换图像大小，并将其放至画面合适的位置。

09 选择"图层 1"，设置混合模式为"正片叠底"，为后面制作抠取真实的动物做铺垫。

10 选择"图层 1"，按 Ctrl+J 组合键复制得到"图层 1 副本"。更改其图层混合模式为"正常"，并在蒙版上涂抹其边缘。至此，本案例制作完成。

6.4　抠取透明材质照片

抠取透明材质照片是商业照片抠取比较高级的操作。它主要是用来进行图片的抠取，并将抠取的图片添加到另一个符合情景的图片中去，使图片具有一定的意义，从而运用于商业修片。

◆抠取液体图像

抠取液体图像主要是指将图片中的透明液体抠取出来，并添加到另一个符合情景的图片中去，使整体图片具有特定的气氛和环境效果。抠取液体图像是商业数码产品修片中经常会运用的图像处理方式，结合通道和魔术橡皮擦工具让抠出的商业数码产品更具真实的效果，增强画面的丰富性和层次感。

知识提点：如何载入图层选区

新建图层，按住Ctrl键并单击鼠标左键选择需要建立选区的图形图层，可得到该图层的选区。

01　执行"文件>打开"命令，打开"Chapter 6\6.4\Media\抠取液体图像.jpg"图像文件。复制背景图层，生成"图层 1"。

02　打开"通道"面板，单击"蓝"通道，"创建新通道"按钮得到"蓝 副本"通道。

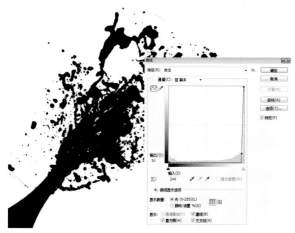

03 按 Ctrl+L 组合键调整通道的色阶使其黑白对比分明。

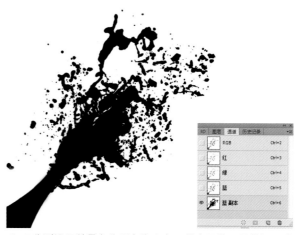

04 分别设置前景色为黑色和白色，单击画笔工具按钮选择尖角画笔，并适当调整大小，在画面涂抹，将主体涂出。

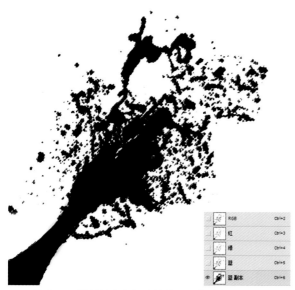

05 按住 Ctrl 键并单击鼠标左键选择"蓝副本"通道，得到汽水选区。

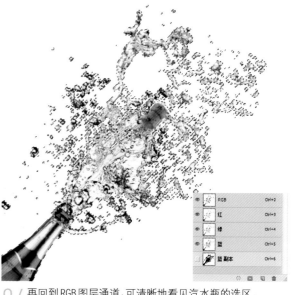

06 再回到RGB图层通道，可清晰地看见汽水瓶的选区。

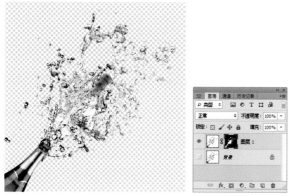

07 单击"添加图层蒙版"按钮并单击背景图层的"指示图层可见性"按钮，即可关闭背景图层的可见性，从而清晰地看见抠取出来的汽水。

08 执行"文件＞打开"命令，打开"Chapter 6\6.4\Media\抠取液体图像 2.jpg"图像文件，生成背景图层。

09 将前面抠出的汽水拖曳到当前文件图像中，得到"图层1"。

10 使用 Ctrl+T 组合键变换图像大小，并将其放至画面合适的位置，设置其混合模式为"正片叠底"。

11 继续使用 Ctrl+T 组合键变换图像方向，使其放于画面合适的位置。

12 选择"图层 1"，按 Ctrl+J 组合键复制得到"图层 1 副本"，更改其混合模式为"正常"。单击"添加图层蒙版"按钮，使用柔角画笔工具，在蒙版上对不需要的部分进行涂抹。

13 新建"图层 2"，按住 Ctrl 键并单击鼠标左键选择"图层 1"，得到抠出汽水图层的选区，并填充其颜色为黄色。

14 设置"图层 2"混合模式为"叠加"，制作出画面具有节日气氛的效果。至此，本案例制作完成。

◆抠取火焰图像

抠取火焰图像主要是指将图片中的火焰通过图层混合模式抠取出来，并添加到另一个符合情景的图片中去，使整体图片具有燃烧的效果。抠取火焰图像是商业照片中制作特殊效果经常会运用的图像处理方式，操作方法主要是使用图层混合模式将火焰抠出并制作效果，将抠出的火焰添加到商业图像中制作出特殊效果。

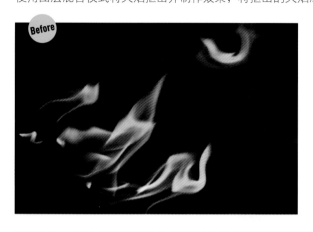

01 执行"文件 > 打开"命令，打开"Chapter 6\6.4\Media\抠取火焰图像.jpg"图像文件，生成背景图层。

02 执行"文件 > 打开"命令，打开"Chapter 6\6.4\Media\抠取火焰图像2.jpg"图像文件，生成背景图层。

03 单击"创建新的填充或调整图层"按钮，在弹出的菜单中选择"色阶"选项设置参数，调整画面的色调。

04 选择背景图层，按Ctrl+J组合键复制得到"背景副本"并移至图层上方，执行"选择 > 色彩范围"命令，并选择"红色"选项。

05 新建"图层1"，设置前景色为红色，连续按Alt+Delete组合键填充其颜色。

06 在"图层1"上结合使用套索工具和矩形选框工具，将其不需要的部分选取，并按 Delete 键将其删除。

07 按住 Ctrl 键并单击鼠标左键选择"图层1"，得到"图层1"的选区后关闭"背景 副本"、"图层1"的可见性，再使用快速选择工具将汽车的选区选取出来。

08 单击"添加图层蒙版"按钮，可得到抠出的汽车，单击鼠标右键选择"栅格化图层"选项，并继续添加蒙版将其边缘适当涂抹，设置混合模式为"滤色"，"不透明度"为67%。

09 将前面打开的"Chapter 66.4Media\ 抠取火焰图像 .jpg"图像文件拖曳到当前文件图像中，得到"图层3"。

10 选择"图层3"，设置混合模式为"滤色"，即可得到抠取出来的火焰图像在车上。

11 使用 Ctrl+T 组合键变换图像大小，并使用移动工具将其放至画面合适的位置。

12 单击"添加图层蒙版"按钮，单击画笔工具按钮选择柔角画笔并适当调整大小及透明度，在蒙版上对不需要的部分进行涂抹，制作出真实的火焰效果。

13 选择"图层3"，按 Ctrl+J 组合键复制得到"图层3副本"，使用移动工具将其放至画面合适的位置。

14 继续使用相同的方法选择"图层3"，按 Ctrl+J 组合键复制得到"图层3副本2"，将其移至图层上方，使用 Ctrl+T 组合键变换图像，选择"变形"选项对图像进行变形。

15 继续使用 Ctrl+T 组合键变换图像大小及方向，并按 Enter 键确定选择。

16 继续使用画笔工具选择柔角画笔，设置其前景色为黑色，并适当调整大小及透明度，在其副本上涂抹。至此，本案例制作完成。

◆抠取透明玻璃

抠取透明玻璃主要是指将图片中的透明玻璃抠取出来，并添加到另一个符合情景的图片中去，使整体图片效果别具风格。抠取透明玻璃是商业数码产品修片中经常会运用的图像处理方式，操作方法多种多样，让抠出的透明玻璃产品更具卖点和意义。

知识提点：使用魔术橡皮擦工具抠取玻璃饰品

在抠取玻璃饰品时经常要使用到魔术橡皮擦工具，其使用方法和"魔棒工具"相似。使用"魔术橡皮擦工具"在图像中单击时，可以擦除图像中与光标单击处颜色相近的像素。如果在锁定了透明的图层中擦除图像时，被擦除的像素会显示为透明图层。

01 执行"文件>打开"命令，打开"Chapter 6\6.4\Media\ 抠取透明玻璃 .jpg"图像文件。复制背景图层，生成"图层 1"。

02 选择"图层 1"，使用魔术橡皮擦工具 在其背景上单击需要擦除的区域，并单击背景图层的"指示图层可见性"按钮 ，即可关闭背景图层的可见性，从而清晰地看见抠取出来的透明玻璃杯。

03 使用橡皮擦工具 ，设置其硬度大小和不透明度，在"图层 1"上继续擦除其背景中多余的部分，将玻璃杯的大体样式抠取出来。

04 执行"文件>打开"命令,打开 "Chapter 6\6.4\Media\ 抠取透明玻璃 2.jpg" 图像文件,生成背景图层。

05 将前面抠出的透明玻璃杯拖曳到当前文件图像中,得到 "图层 1"。

06 使用 Ctrl+T 组合键变换图像大小,并使用移动工具 将其放至画面合适的位置。

07 回到背景图层,使用仿制图章工具 ,按住 Alt 键吸取颜色,并回到"图层 1" 在其属性栏中设置仿制图章工具 的不透明度,在杯子上涂抹。

08 继续使用仿制图章工具 ,在 "图层 1" 的玻璃杯子上涂抹。

09 在仿制图章工具 的属性栏中设置不同的透明度,在玻璃杯子上涂抹。

10 继续使用仿制图章工具 ,在 "图层 1" 的玻璃杯子上涂抹。

11 对玻璃杯的涂抹完成后,新建 "图层 2",将其移至 "图层 1" 下方。

12 设置前景色为黑色,单击画笔工具按钮 ,选择柔角画笔并适当调整大小及透明度,在图层上涂抹,并单击"添加图层蒙版"按钮 ,在其蒙版上适当涂抹。

13 新建 "图层 3",按住 Ctrl 键并单击鼠标左键选择 "图层 1",得到其杯子的选区,设置前景色为黄色,按 Alt+Delete 组合键将其填充。

14 设置其 "图层 3" 的混合模式为 "叠加"。至此,本案例制作完成。

◆抠取饮料

抠取饮料主要是指将图片中的饮料抠取出来，并添加到另一个符合情景的图片中去，使整体图片效果别具意味。抠取饮料是商业数码修片制作食物广告中经常会运用的图像处理方式，操作方法主要是利用"色彩范围"命令快速创建选区选取图像，并设置不同的颜色使图像更加容易被抠出，从而制作商业美食广告。

知识提点：利用色彩范围抠取图像

利用"色彩范围"命令快速创建选区，其选取原理是以颜色为依据，有些类似于"魔棒工具"。但实质上功能比魔棒更为强大，特别适合选择颜色相近的复杂图像。

若背景是单一的色调，使用"色彩范围"命令快速创建选区更为方便快捷。选择退出执行"选择>色彩范围"命令，在其"选择"选项中选取背景的颜色再单击"确定"按钮即可。

01 执行"文件>打开"命令，打开 "Chapter 6\6.4\Media\抠取饮料.jpg"图像文件。复制背景图层，生成"图层1"。

02 执行"选择>色彩范围"命令，在其"选择"选项中选取"绿色"，单击"确定"按钮。

03 新建"图层2"，按Ctrl+C+V组合键复制得到的背景选区。

04 设置前景色为白色，连续按Alt+Delete组合键，填充"图层2"。

05 继续连续按Alt+Delete组合键，填充"图层2"将其杯子以外的背色填充为白色。

06 新建"图层3"，按Shift+Ctrl+Alt+E组合键盖印图层。

07 使用魔棒工具选择其白色的背景，将得到其白色的背景选区。

08 按Shift+Ctrl+I组合键反选选中的选区，得到玻璃杯的选区。

知识提点：抠取白色背景图片中的物体

　　抠取白色背景图片中的物体，可以先使用魔棒工具 选择其白色的背景，将得到其白色的背景选区。按Shift+Ctrl+I组合键反选选中的选区，得到物体的选区。

09 单击"添加图层蒙版"按钮 并单击背景图层、"图层1"、"图层2"的"指示图层可见性"按钮 ，即可关闭背景图层的可见性，从而清晰地看见抠取出来的玻璃杯。

10 执行"文件>打开"命令，打开"Chapter 6\6.4\Media\抠取饮料2.jpg"图像文件，生成背景图层。

11 将前面抠出的玻璃杯拖曳到当前文件图像中，得到"图层1"。

12 使用Ctrl+T组合键变换图像大小，并将其放至画面合适的位置。

13 选择"图层1"，设置混合模式为"正片叠底"，为后面制作真实的效果做铺垫。

14 继续选择"图层1"，按Ctrl+J组合键复制得到"图层1副本"。

15 将"图层1副本"的混合模式更改为"正常",并使用柔角画笔工具，在其图层蒙版上玻璃杯的边缘适当涂抹，制作其玻璃杯真实的效果。

16 新建"图层2",将其移至"图层1"下方设置前景色为黑色，单击画笔工具按钮选择柔角画笔并适当调整大小及透明度，在其画面上涂抹玻璃杯的阴影。

17 继续在"图层2"上设置其"不透明度"为22%,适当减淡阴影效果。

18 单击"添加图层蒙版"按钮，单击画笔工具按钮选择柔角画笔并适当调整大小及透明度，在蒙版上对不需要的部分进行涂抹制作真实的阴影效果。

19 新建"图层3",将其移至图层上方,按住Ctrl键并单击鼠标左键选择"图层1"的蒙版,得到文字玻璃杯的选区并将其填充为蓝色。

20 设置"图层3"的混合模式为"叠加","不透明度"为41%,将其融于画面的色调。至此,本案例制作完成。

◆ 抠取烟雾

抠取烟雾主要是指将图片中的烟雾图像产品抠取出来,并添加到另一个符合情景的图片中去,使整体图片具有烟雾环绕的梦幻效果。抠取烟雾是商业数码照片制作特效中经常会运用的图像处理方式,操作方法主要是使用多种形状工具将其图像中的烟雾抠取出来,并结合使用图层混合模式和图层蒙版制作画面烟雾的特别效果。

知识提点：如何抠取真实的烟雾

　　在Photoshop中抠取烟雾的方法多种多样，这里主要讲解使用通道抠取烟雾。选中通道，关闭RGB，分别试一下哪个通道黑白对比度更明显。右键复制对比度明显的通道，选中该通道进行全选，再进行反选，用加深减淡工具让黑的地方更黑、亮的地方更亮。但是，注意要抠的部分一定要是一个颜色的，建立蒙版再点击图层抠取。

01　执行"文件 > 打开"命令，打开"Chapter 6\6.4\Media\ 抠取烟雾 .jpg"图像文件。复制背景图层，生成"图层 1"。

02　使用矩形选框工具在画面右下方创建一个矩形选区。

03　按 Ctrl+J 组合键复制得到"图层 2"，并单击背景图层和"图层 1"的"指示图层可见性"按钮，即可关闭图层的可见性，从而清晰地看见抠取出来的烟雾图片。

04　执行"文件 > 打开"命令，打开"Chapter 6\6.4\Media\ 抠取烟雾 2.jpg"图像文件，生成背景图层。

05 将前面抠出的烟雾图片拖曳到当前文件图像中，得到"图层1"，单击"添加图层蒙版"按钮▣，单击画笔工具按钮☑选择柔角画笔并适当调整大小及透明度，在蒙版上对不需要的部分进行涂抹。

06 选择"图层1"，设置混合模式为"强光"，制作出烟雾梦幻的效果。

07 选择"图层1"，按Ctrl+J组合键复制得到"图层1副本"，在其蒙版上继续涂抹出需要的部分，并移至画面合适的位置。

08 单击横排文字工具按钮 T，设置前景色为白色，输入所需文字。至此，本案例制作完成。

第 7 章 商业实战应用

本章以快速入门和实战案例、效果相结合的方式，详细地介绍了如何使用 Photoshop CS6 设计各个领域中的精美作品。本章涵盖了主流设计领域并精选每个领域设计作品，每个案例都是精挑细选的，力求体现设计、技术与专业的统一性，并重点讲解设计流程和思路。所有精选的案例直接面向求职和工作，以实现新手到专业设计师质的飞越。

7.1　公益海报

　　所谓海报，是一种具有广告传播性能的宣传物。它对事物的广告起着重要的作用，应用也非常广泛。海报又称招贴画或宣传画，是一种平面形式的宣传广告。而公益海报是通过表现的主题来碰撞人们生活和精神领域的海报。海报的创意原则是善于将看似无关的事物与海报所要传达的某种观念有机地联系起来，并引用全新的观念和方法，对事物进行分解和新的组合。

　　海报设计必须有相当的号召力与艺术感染力，要调动形象、色彩、构图、形式感等因素形成强烈的视觉效果。海报文字应力求新颖、单纯，还必须具有独特的艺术风格和设计特点。

7.1.1　公益海报的鉴赏

　　在商业广告横行的年代，公益广告总能如一丝清泉流入人们的心间。创意的公益广告不仅能让人获得教益和警示，更能得到美的享受。这里我们特意挑选了几个有意思的公益广告平面设计，邀请您一起鉴赏。

吸烟有害健康

反对家庭暴力。France Adot 公益广告。

地球沙漠化致使超过 6000 个物种消失，沙漠化正吞噬着它们的生命。WWF 公益广告。

爱护宠物

7.1.2 公益海报制作

Step1载入主体元素　　Step2图像合成效果

主要工具:

移动工具、画笔工具、混合模式命令、蒙版命令、色彩平衡、色相/饱和度、亮度/对比度命令等。

创作思维:

本案例主要通过不同元素进行抠图合成,对画面进行润饰美化,并通过画笔工具、混合模式及调整图层对电影海报图片进行绘制、合成及调整。整体色调制作清新淡雅,并通过文字工具添加海报文字,使画面清新、时尚,意境深远。

光盘路径:

Chapter 7\7.1\Complete\公益海报.psd

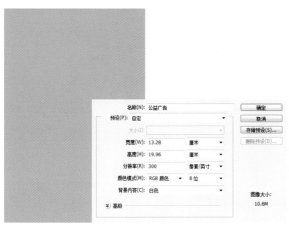

01 执行"文件 > 新建"命令,在弹出的新建对话框中设置文件名称及其他参数,完成后单击右上角的"确定"按钮。设置前景色为蓝灰色,按 Alt+Delete 组合键填充背景图层。

02 执行"文件 > 打开"命令,打开 "Chapter 7\7.1\Media\风景 .jpg"图像文件。单击移动工具按钮,将图像拖至图像文档中,生成新的"图层 1"。按 Ctrl +T 组合键,显示自由变换编辑框,适当调整图像的大小和位置。设置"图层 1"的"不透明度"为 45%,图像色彩变淡。

03 单击"添加图层蒙版"按钮 ，为"图层1"添加蒙版。结合画笔工具，在蒙版内适当涂抹，隐藏部分图像。

04 单击"创建新的填充或调整图层"按钮 ，应用"色彩平衡"命令，并拖曳滑块设置各项参数，完成后创建剪贴蒙版。

05 单击"创建新的填充或调整图层"按钮 ，应用"色相/饱和度"命令，并拖曳滑块设置各项参数，完成后创建剪贴蒙版。

06 打开 "Chapter 7\7.1\Media\人物.jpg"图像文件，拖至画面生成"图层2"。单击"添加图层蒙版"按钮 ，为"图层2"添加蒙版。结合画笔工具，在蒙版内适当涂抹，隐藏部分图像。

07 单击"创建新的填充或调整图层"按钮 ，应用"色彩平衡"命令，并拖曳滑块设置各项参数，完成后创建剪贴蒙版。

08 单击"创建新的填充或调整图层"按钮 ，应用"亮度/对比度"命令，并拖曳滑块设置各项参数，完成后创建剪贴蒙版。

09 "创建新的填充或调整图层"按钮 ◎，应用"可选颜色"
命令，并在"青色"选项中拖曳滑块设置各项参数，完
成后创建剪贴蒙版。

10 单击"创建新的填充或调整图层"按钮 ◎，应用"色相 /
饱和度"命令，并拖曳滑块设置各项参数，完成后创建
剪贴蒙版。

11 新建"图层 3"，设置前景色为不同深浅的蓝色，单击画笔工具
按钮 ✎，绘制人物眼线和眼珠，完成后设置混合模式为"叠加"。

12 新建"图层 4"，设置前景色为暗红色，单击画笔工具按钮
✎，绘制人物的嘴唇，完成后设置混合模式为"叠加"。

13 单击"创建新的填充或调整图层"按钮 ◎，应用"亮度 /
对比度"命令，并拖曳滑块设置各项参数，完成后创建
剪贴蒙版。

14 打开 "Chapter 7\7.1\Media\ 鸟 .jpg" 图像文件，拖至
画面生成"图层 5"。单击"添加图层蒙版"按钮 ◎，为
"图层 5"添加蒙版。结合画笔工具 ✎ 在蒙版内适当涂抹，隐
藏部分图像。

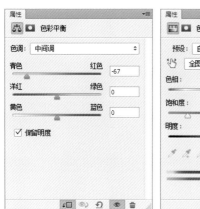   

15 使用以上相同的方法，单击"创建新的填充或调整图层"按钮，分别应用"色彩平衡"、"色相/饱和度"、"亮度/对比度"
命令，并拖曳滑块设置各项参数，完成后创建剪贴蒙版。

16 新建"图层3"，设置前景色为黑色，单击画笔工具按钮
，绘制眼线，设置其混合模式为"叠加"。打开"Chapter
7\7.1\Media\ 白雾 .png" 图像文件，拖至画面生成"图层7"，
适当调整其大小和位置。

17 单击横排文字工具按钮，设置不同的色彩和参数，在
图像上输入相应的文字并适当调整其大小和位置。完成
后选择部分文字，结合图层样式添加投影。至此，本案例制作
完成。

7.2 电影海报

　　电影是流动的艺术，海报是凝固的艺术，一幅海报往往浓缩了一部电影的精华。随着电影的普及，电影海报制
作技术的进步，电影海报本身也因其画面精美、表现手法独特、文化内涵丰富而成了一种艺术品，具有欣赏和收藏
价值。因此，作为一个精美的艺术种类，电影海报的制作和宣传在商业实战应用中变得越来越重要。

7.2.1 电影海报的鉴赏

　　早期的电影海报纯粹是为了电影的上片做宣传广告，就如现在卖场中的大多数促销海报招贴，是用手工绘制
的，又称手绘电影海报，其真迹已较少见。好莱坞早期著名影片《飘》、《第凡那的早餐》、《卡萨布兰卡》当初
的海报都是手绘的，画面精美细致，至今仍有很高的艺术价值。

　　当今的电影海报大多画面精美，即使是同一部电影的海报，各国的版本都会有不同的表现手法，也可能突出不
同的主题。一幅普通的电影海报只有一两个版面，而一部畅销的大片就可能有数十种版面，《TiTanic》电影的海报
应该是目前版面最多的海报。

《蓝精灵》

《白雪公主与猎人》

《加勒比海盗》

《大侦探福尔摩斯2》

《泰坦尼克号》

《地心历险记》

7.2.2 电影海报制作

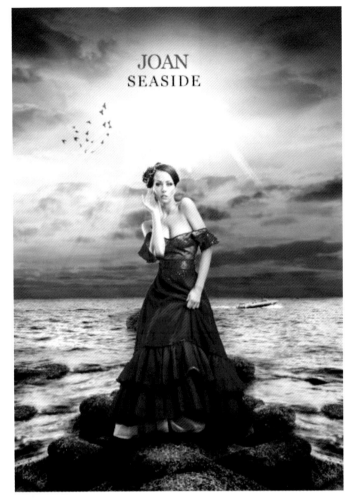

关键步骤

Step1背景制作　　　　Step2图像调整效果

主要工具：

移动工具、画笔工具、混合模式命令、蒙版命令、渐变填充、色阶命令、可选颜色命令等。

创作思维：

本案例主要通过不同背景的抠图合成，运用混合模式、不透明度及蒙版等多种图像修饰方法，对电影海报图片进行合成及艺术处理。整体色调制作效果最终偏橙色，最后通过文字工具添加海报文字，使画面具有很强的时尚性，柔美而大气。

光盘路径：

Chapter 7\7.2\Complete\电影海报.psd

01 执行"文件＞新建"命令，在打开的对话框中设置各项参数，完成后单击"确定"按钮，新建一个文件。设置前景色为紫色（R79、G66、B80），按 Alt + Delete 组合键填充图层。

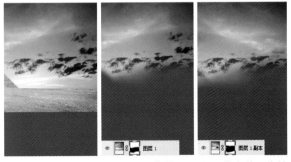

02 打开"Chapter7\7.2\Media\背景 1.jpg"图像文件，将其拖至画面生成"图层 1"。单击"添加图层蒙版"按钮，运用画笔工具在添加的蒙版中适当描绘，隐藏部分图像。复制"图层 1"，生成"图层 1 副本"，对复制图像进行翻转，并在蒙版内适当描绘，隐藏部分图像。

03 打开 "Chapter7\7.2\Media\ 背景 2.jpg" 图像文件，将其拖至画面生成 "图层 2"。单击 "添加图层蒙版" 按钮 ，运用画笔工具 在添加的蒙版中适当描绘，隐藏部分图像。完成后设置 "图层 2" 的混合模式为 "叠加"。

04 打开 "Chapter7\7.27\Media\ 背景 3.jpg" 图像文件，将其拖至画面生成 "图层 3"。单击 "添加图层蒙版" 按钮 ，在添加的蒙版中适当描绘，隐藏部分图像。设置 "图层 2" 的混合模式为 "正片叠底"。

05 执行 "文件 > 打开" 命令，打开 "Chapter7\7.27\Media\ 背景 4.jpg" 图像文件，单击移动工具按钮 ，将其拖至画面生成 "图层 4"。设置 "图层 4" 的混合模式为 "叠加"。

06 打开 "Chapter7\7.27\ Media\ 光线 .png" 图像文件，将其拖至画面生成 "图层 5"。单击 "添加图层蒙版" 按钮 ，运用画笔工具按钮 在添加的蒙版中适当描绘，隐藏部分图像。设置 "图层 5" 的混合模式为 "线性减淡"。

07 新建 "图层 6"，设置前景色为蓝色（R82、G87、B107），单击画笔工具按钮 ，在天空位置绘制蓝色色块。完成后设置 "图层 6" 的混合模式为 "饱和度"，天空色调变暗。

08 新建 "图层 7"，设置前景色为白色，单击画笔工具按钮 ，在天空位置绘制白色亮光。完成后设置 "图层 7" 的混合模式为 "叠加"，天空亮光变得更加自然。

09 单击 "创建新的填充或调整图层" 按钮 ，在弹出的对话框中分别应用 "曲线"、"色彩平衡" 命令，并拖曳滑块适当设置各项参数，画面效果发生改变。

10　单击"创建新的填充或调整图层"按钮，在弹出的对话框中分别应用"色相／饱和度"、"渐变填充"命令，并拖曳滑块适当设置各项参数，画面效果发生改变。新建"图层 9"，设置前景色为蓝色，单击画笔工具按钮，在水面位置绘制色块，完成后设置"图层 9"的混合模式为"柔光"。

11　新建"组 2"，打开"Chapter7\7.27\Media\ 光线 .png"图像文件，将其拖至画面生成"图层 10"。单击"添加图层蒙版"按钮，运用画笔工具在蒙版中隐藏部分图像。

12　单击"创建新的填充或调整图层"按钮，应用"色相／饱和度"命令，并拖曳滑块适当设置各项参数，画面效果发生改变，完成后创建剪贴蒙版。

13　打开"Chapter7\7.27\ Media\ 石头 .png"图像文件，将其拖至画面生成"图层 11"。单击"添加图层蒙版"按钮，运用画笔工具在添加的蒙版中隐藏部分图像。

14　单击"创建新的填充或调整图层"按钮，在弹出的对话框中分别应用"色阶"、"照片滤镜"命令，适当设置各项参数。将调整图层置于"组 2"上方，分别创建剪贴蒙版。在两个调整图层的蒙版区域涂抹，隐藏部分色调。设置照片滤镜调整图层的混合模式为"叠加"。

15　新建"图层 12"，设置前景色为白色，单击画笔工具按钮，在画面上绘制白色，设置混合模式为"叠加"，并按 Ctrl+Alt+G 组合键创建剪贴蒙版。

16 新建"图层13"，设置前景色为黄色，单击画笔工具按钮 ⬚，在画面上绘制黄色，设置混合模式为"叠加"，并按 Ctrl+Alt+G 组合键创建剪贴蒙版。

17 新建"图层14"，设置前景色为紫色，单击画笔工具按钮 ⬚，在画面上绘制紫色，设置混合模式为"饱和度"，按 Ctrl+Alt+G 组合键创建剪贴蒙版。

18 新建"图层15"，在石头上涂抹深色色块，设置混合模式为"柔光"。打开"Chapter7\7.27 \Media\ 人物 .jpg"图像文件，将其拖至画面生成"图层16"，添加蒙版隐藏人物背景图像。

19 单击"创建新的填充或调整图层"按钮 ⬚，在弹出的对话框中应用"渐变填充"命令，适当设置各项参数，完成后设置其混合模式为"叠加"，并创建剪贴蒙版。

20 单击"创建新的填充或调整图层"按钮 ⬚，在弹出的对话框中分别应用"色阶"、"可选颜色"命令，适当设置各项参数，图像效果发生改变。完成后分别对各调整图层创建剪贴蒙版。

21 新建"图层17"，设置前景色为玫瑰红（R218、G19、B102），单击画笔工具按钮 ⬚，在人物裙子上绘制玫瑰红色块。完成后创建剪贴蒙版，并设置"图层17"的混合模式为"叠加"，裙摆色调发生改变。

22 新建"图层18"，设置前景色为棕色（R218、G19、B102），单击画笔工具按钮✍，在人物头发上绘制棕色色块。完成后创建剪贴蒙版，并设置"图层18"的混合模式为"颜色减淡"。

23 打开"Chapter7\7.27 \Media\飞鸟.png"图像文件，将其拖至画面生成"图层19"。设置"图层20"的混合模式为"正片叠底"。

24 按Ctrl+Shift+Alt+E组合键盖印图层，生成"图层20"。单击"添加图层蒙版"按钮▢，隐藏部分图像。设置"图层20"的混合模式为"滤色"。

25 单击横排文字工具按钮▢，分别设置不同的参数，在画面中输入文字，注意文字的颜色和位置排列。至此，本案例制作完成。

7.3　房产广告

　　房地产广告是指房地产开发企业、房地产权利人或房地产中介机构发布的房地产宣传广告，其实就是广告的一种。大部分时候它的责任就是把房地产销售的信息传达出去，也就是做促销。当然形式和载体很多样化，凡是受众可能接触到的媒体都可以投放，如报纸、电视、电台、短信、候车厅等。除了促销外，有时候房地产广告也涉及给房地产开发公司树立企业形象。通俗地说，房地产广告就是为了更好更快地给房地产公司卖房子。

7.3.1 房产广告的鉴赏

　　房地产广告鉴赏提供国内优秀地产广告案例欣赏，包括房地产报广、易拉宝、展板、画册等地产广告作品。展示设计界的经典作品，提供互相交流学习的平台。

房产报纸广告

楼盘户外广告

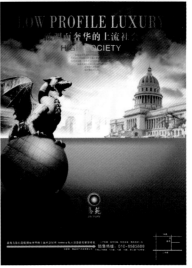

房产海报设计

房产DM单广告

7.3.2　房产广告制作

关键步骤

Step1背景制作　　　　　　Step2人物合成效果

主要工具：
图层蒙版、渐变工具、画笔工具、文字工具、亮度/对比度命令等。

创作思维：
在本实例中画面具有深邃的镜头感。运用神秘的紫色调，把水波光粼粼的状态很好地运用在画面上，营造出柔和的画面效果，使整个画面呈现出统一又有层次的关系。

光盘路径：
Chapter 7\7.3\Complete\房产广告.psd

01 执行"文件＞新建"命令，在打开的对话框中设置各项参数，完成后单击"确定"按钮，新建一个文件。设置前景色为紫色（R27、G4、B39），单击矩形工具按钮，在属性栏上选择"像素"选项，在背景图层上绘制矩形色块。

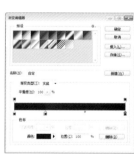

02 单击矩形选框工具按钮，框选画面下方矩形区域。单击渐变工具按钮，打开"渐变编辑器"对话框设置渐变颜色，完成后从上到下绘制线性渐变。按 Ctrl+D 组合键取消选区。

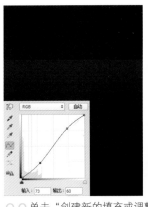

03 单击"创建新的填充或调整图层"按钮，应用"曲线"命令，并拖曳线条设置各项参数。打开"Chapter7\7.3\Media\天空.jpg"图像文件，将其拖至画面生成"图层1"，适当调整其大小和位置。

04 设置"图层1"的"不透明度"为70%。单击"添加图层蒙版"按钮，为"图层1"添加蒙版。结合画笔工具在蒙版内适当涂抹，隐藏部分图像。

05 单击"创建新的填充或调整图层"按钮，应用"纯色"命令，设置颜色为暗紫色（R42、G29、B93），单击"确定"按钮。设置其"混合模式"为"排除"，完成后创建剪贴蒙版。

06 继续应用"纯色"命令，设置颜色为紫色（R146、G5、B171），单击"确定"按钮。设置其"混合模式"为"变亮"，创建剪贴蒙版。应用"亮度/对比度"命令，设置各项参数，并在蒙版内适当涂抹。

07 应用"色彩平衡"命令，并拖曳滑块设置各项参数。新建"图层2"，单击渐变工具按钮，从上至下绘制渐变。设置其"混合模式"为"正片叠底"，"不透明度"为33%。

08 新建"图层3"，设置前景色为橙色（R226、G189、B108），单击画笔工具按钮，在画面上方绘制色块。设置其"混合模式"为"叠加"，"不透明度"为59%。打开"Chapter7\7.3\Media\细水纹.jpg"图像文件，将其拖至画面生成"图层4"，适当调整其大小和位置。

09　单击"添加图层蒙版"按钮 ，为"图层 4"添加蒙版。结合画笔工具 ，在蒙版内适当涂抹，隐藏部分图像。设置其"混合模式"为"柔光"，"不透明度"为 62%。

10　打开"Chapter7\7.3\Media\ 水面 .jpg"图像文件，将其拖至画面生成"图层 5"，适当调整其大小和位置。设置其"混合模式"为"明度"，"不透明度"为 45%，添加蒙版，隐藏部分图像。

11　新建"组 1"，应用两个"纯色"命令，设置颜色为紫红色（R141、G3、B143），然后分别设置其"混合模式"为"叠加"，完成后创建剪贴蒙版。再次应用"纯色"命令，设定相同颜色，并设置其"混合模式"为"线性光"，"不透明度"为 39%。

12　打开"Chapter7\7.3\Media\ 建筑 1.psd"图像，将其拖至画面生成"图层 6"，调整其大小和位置。应用"色彩平衡"命令，并拖曳滑块设置各项参数。

13　打开"Chapter7\7.3\Media\ 建筑 2.psd"图像，将其拖至画面生成"图层 7"，调整其大小和位置。添加蒙版，并在蒙版内适当涂抹，隐藏多余图像。

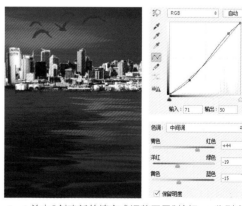

14　单击"创建新的填充或调整图层"按钮 ，分别应用"曲线"及"色彩平衡"命令，并设置各项参数，图像效果发生改变。

15 新建"图层8",单击多边形套索工具按钮■,在画面中创建阴影选区。完成后单击渐变工具按钮■,从上至下绘制从黑色到到透明色的渐变效果。

16 设置"图层8"的"混合模式"为"叠加","不透明度"为66%。打开"Chapter7\7.3\Media\人物.jpg"图像文件,将其拖至画面生成"图层9",适当调整其大小和位置。

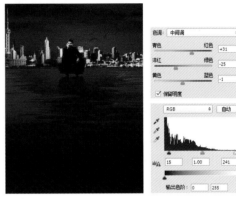

17 单击"添加图层蒙版"按钮■,为"图层9"添加蒙版。结合画笔工具☑在蒙版内适当涂抹,隐藏部分图像。单击"创建新的填充或调整图层"按钮■,应用"曲线"命令,并设置各项参数。

18 单击"创建新的填充或调整图层"按钮■,分别应用"色彩平衡"及"色阶"命令,并设置各项参数,图像效果发生改变。

19 新建"组2",单击横排文字工具按钮■,设置不同的色彩和参数,在图像上输入相应的文字并适当调整其大小和位置。至此,本案例制作完成。

7.4 高跟鞋广告

广告即广而告知之意,是为了某种特定的需要,通过一定形式的媒体,公开而广泛地向公众传递信息的宣传手段。广告有广义和狭义之分,广义广告包括非经济广告和经济广告。非经济广告指不以盈利为目的的广告,又称效应广告,如政府行政部门、社会事业单位乃至个人的各种公告、启事、声明等,主要目的是推广;狭义广告仅指经济广告,又称商业广告,是指以盈利为目的的广告,通常是商品生产者、经营者和消费者之间沟通信息的重要手段,或企业占领市场、推销产品、提供劳务的重要形式,主要目的是扩大经济效益。

本小节我们学习的高跟鞋广告,顾名思义,是针对高跟鞋的宣传进行的广告设计。这是针对女性群体消费的一个较为常见的广告类别,其宣传的重点是高跟鞋的时尚和美感,突出表现其完美的质感。

7.4.1 高跟鞋广告的鉴赏

高跟鞋的广告宣传在于突出表现鞋子的形状和色彩。此类广告极具时尚气息,宣传手法需要有特色、有美感,能打动女人爱美的心。宣传的目的就在于促进消费,因为完美的高跟鞋广告在鞋品广告宣传中是极为必要的。

Christian Louboutin 2013 春夏广告大片

Christian Louboutin 2012 秋冬广告

7.4.2 高跟鞋广告制作

Step1背景制作

Step2合成效果

主要工具：

图层蒙版、渐变工具、画笔工具、文字工具、亮度/对比度命令等。

创作思维：

在本实例中画面具有很强的空间质感。运用清新的绿色草坪和多彩的蝴蝶，配合幽深的立体空间，把鲜艳、时尚、造型唯美的高跟鞋完美地衬托出来。其深浅分明的空间效果，营造出聚拢的光线效果，突出表现画面中心的高跟鞋主体；同时红色与绿色的鲜明对比，使整个画面更加夺人眼球，呈现出协调而又空间感极强的画面效果。

光盘路径：

Chapter 7\7.4\Complete\高跟鞋广告.psd

01 执行"文件＞打开"命令，分别打开"Chapter7\7.4\Media\背景.jpg"及"Chapter7\7.4\Media\纹理.jpg"图像文件。

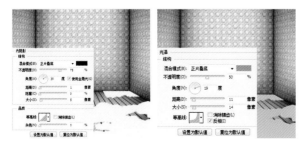

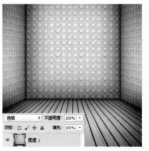
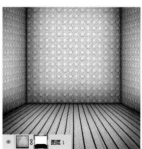

02 单击移动工具按钮，将"纹理"图像拖至"背景"图像文档中，生成"图层1"，适当调整图像的大小和位置。设置"图层1"的"混合模式"为色相，添加蒙版，隐藏部分图像。

03 单击钢笔工具按钮，在属性栏上选择"形状"，"填充"为"白色"，然后绘制形状色块。双击"形状1"，在弹出的对话框中分别勾选"内阴影"和"光泽"，并设置各项参数，完成后单击"确定"按钮。

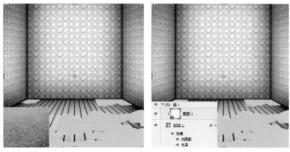

04 执行"文件 > 打开"命令，打开 "Chapter7\7.4\Media\草坪.jpg"图像文件，按 Ctrl+Alt+G 组合键创建剪贴蒙版。

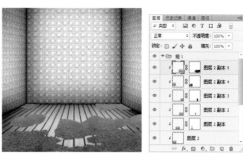

05 反复复制"图层 2"，使用以上相同方法，拖至画面适当位置，并分别创建剪贴蒙版。完成后在各图层上添加蒙版，隐藏部分图像。

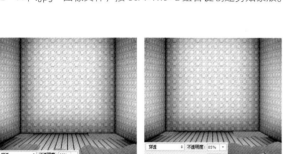

06 设置"组 1"的"不透明度"为 85%，复制"组 1"，生成"组 1 副本"。

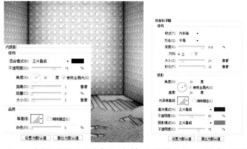

07 选择"组 1 副本"内的"形状 1"，双击"形状 1"，在弹出的对话框中分别勾选"内阴影"和"光泽"，并设置各项参数，完成后单击"确定"按钮。

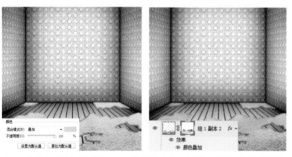

08 复制"组 1 副本"，生成"组 1 副本 2"。双击复制图层，勾选"颜色叠加"，设置各项参数，完成后单击"确定"按钮。添加蒙版，隐藏部分图像。

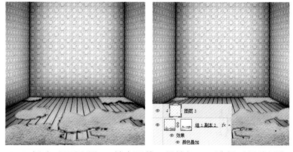

09 新建"图层 3"，单击画笔工具按钮，选择"柔边圆"笔刷，在草坪阴影外涂抹黑色，完成后创建剪贴蒙版。

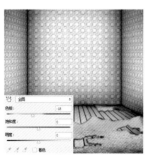

10 新建"图层 4"，单击画笔工具按钮，在墙角位置涂抹黑色。单击"创建新的填充或调整图层"按钮，应用"色彩平衡"命令，并拖曳滑块设置各项参数。

 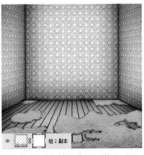

11 新建"组2",将"组1"及以上的所有图层拖入"组2"内。复制"组2",生成"组2副本"。按Ctrl+E组合键合并图层。单击加深工具按钮，在复制图层中适当涂抹，加深草坪颜色，完成后添加蒙版，隐藏部分图像。

12 复制"组2副本",生成"组2副本2"。右击蒙版缩览图，选择"应用图层蒙版"。结合加深工具和减淡工具，适当涂抹调整草坪色调。新建"图层5",结合画笔工具绘制墙角阴影。

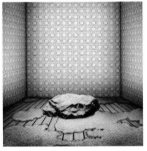 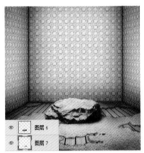

13 打开 "Chapter7\7.4\Media\石头.png"图像文件。单击移动工具按钮，将素材拖至画面，生成"图层6"。新建"图层7"，将其拖至"图层6"的下层。结合画笔工具，绘制石头阴影。

14 在"图层6"上方执行"文件>打开"命令，打开 "Chapter7\7.1\Media\青苔.jpg"图像文件，拖入画面。按Ctrl+Alt+G组合键创建剪贴蒙版。设置其"混合模式"为"变暗"，"不透明度"为89%。

15 单击"创建新的填充或调整图层"按钮，应用"色彩平衡"命令，设置各项参数，完成后创建剪贴蒙版。打开 "Chapter7\7.4\Media\高跟鞋.png"图像文件，将素材拖至画面，生成"图层9"。

16 新建"图层10"，将其拖至"图层9"的下层。结合画笔工具，绘制高跟鞋阴影。在"图层9"上方单击"创建新的填充或调整图层"按钮，应用"色阶"命令，设置各项参数，完成后创建剪贴蒙版。

17 执行"文件>打开"命令，打开 "Chapter7\7.4\Media\蝴蝶.png"图像文件。单击移动工具按钮，将其拖入画面生成"图层11"。新建"图层12"，单击画笔工具按钮，选择"柔边圆"笔刷，在蝴蝶周围绘制黑色阴影，完成后创建剪贴蒙版。

18 单击直线工具按钮☑，设置前景色为黄色，新建"图层13"，在画面中绘制黄色线条。双击"形状1"，在弹出的对话框中勾选"斜面和浮雕"选项，并设置各项参数，完成后单击"确定"按钮。

19 新建"图层14"，单击画笔工具按钮☑，选择"柔边圆"笔刷，在线条周围绘制黑色阴影，完成后创建剪贴蒙版。

20 单击"创建新的填充或调整图层"按钮☑，应用"渐变填充"命令，设置各项参数，绘制黑色至透明径向渐变。设置其"混合模式"为"柔光"，"不透明度"为70%。

21 按Ctrl+Shift+Alt+E组合键盖印图层，生成"图层15"。执行"滤镜＞渲染＞光照效果"命令，在弹出的对话框中设置各项参数，完成后单击"确定"按钮。

22 设置"图层15"的"不透明度"为77%。单击"添加图层蒙版"按钮☑，结合画笔工具☑在添加的蒙版内适当涂抹，隐藏部分图像。新建"图层16"，单击画笔工具按钮☑，绘制黑色阴影。

23 单击"创建新的填充或调整图层"按钮☑，分别应用"色阶"和"渐变填充"命令，并分别设置各项参数，在画面中拉取白色至透明渐变。完成后在"渐变填充"调整图层上设置其"混合模式"为"叠加"，"不透明度"为24%。至此，本案例制作完成。

7.5　啤酒广告

　　啤酒生产企业的迅速发展，也造成了啤酒行业的白热化竞争，而恶劣的竞争环境必然导致啤酒行业广告的加速发展。规模化、个性化和品牌竞争成为啤酒企业进行势力较量的三大法宝。与此同时，消费者也变得更加挑剔，摒弃了"从一而终"的传统观念，成为啤酒消费时尚的追随者。在这样一个大环境下，啤酒广告的宣传手法与日俱增，对啤酒广告的要求也越来越高，在创意、画面美感及另类时尚的文化气息上提升更大。

7.5.1 啤酒广告的鉴赏

　　大多数的啤酒广告通常会选择啤酒实体宣传，配合特殊合成，制作出炫目的画面，给人以清爽、时尚、个性的感觉。

Guinness 啤酒广告设计

Muskoka 啤酒广告设计

Dreher 啤酒广告设计

Starobrno 啤酒海报设计

7.5.2 啤酒广告制作

关键步骤

Step1 主体瓶身制作

Step2 配件元素合成

主要工具:

渐变工具、钢笔工具、画笔工具、混合模式、图层蒙版、曲线命令等。

创作思维:

在本实例画面中的酒瓶通过素材并叠加颜色色块，结合混合模式和不透明度对酒瓶的质感进行绘制，着重突出酒瓶的光感。完成后将各元素素材进行合成，并适当地搭配和设置，运用在画面上营造出炫目的效果。整个画面光感十足，夺人眼球。

光盘路径:

Chapter 7\7.5\Complete\啤酒广告.psd

01 执行"文件＞新建"命令，在打开的对话框中设置各项参数，完成后单击"确定"按钮，新建一个文件。设置前景色为蓝色（R0、G145、B171），背景色为绿色（R0、G156、B65），单击渐变工具按钮，在属性栏上选择"线性渐变"，完成后从上到下绘制蓝色到绿色渐变。

02 单击"创建新的填充或调整图层"按钮，应用"渐变填充"命令，选择"样式"为"径向"，设置各项参数，并在画面中拉取黑白渐变。完成后在"渐变填充"调整图层上设置其"混合模式"为"正片叠底"，并在蒙版内涂抹，隐藏部分图像。

03　单击钢笔工具按钮，在属性栏上选择"形状"，"填充"为"白色"，然后绘制形状色块。设置其"不透明度"为15%。单击"添加图层蒙版"按钮，结合画笔工具在添加的蒙版内适当涂抹，隐藏部分图像。

04　新建"组1"。打开"啤酒瓶.png"图像文件拖至画面中，生成"图层1"。按Ctrl+T组合键，适当对瓶子进行旋转。双击"图层1"，在图层样式对话框中勾选"内发光"，并设置各项参数，完成后单击"确定"按钮。

05　复制"图层1"，生成"图层1副本"。设置其"混合模式"为"柔光"，"不透明度"为60%。按Ctrl键单击"图层1"缩览图，将图像载入选区，新建"图层2"，填充为黑色，并在瓶身绘制白色高光，完成后取消选区。

06　设置"图层2"的"混合模式"为"柔光"，"不透明度"为81%。添加蒙版，隐藏部分图像。新建"图层3"，载入选区填充为绿色，最后取消选区。

07　设置"图层3"的"混合模式"为"柔光"。新建"图层4"，单击画笔工具按钮，绘制黄色色块，设置"混合模式"为"变亮"，"不透明度"为61%。

08　分别打开"Chapter7\7.5\Media\气泡1.png"及"Chapter7\7.5\Media\气泡2.png"图像文件。将其拖至"组1"，生成"图层5"、"图层6"。将"图层6"拖至"组1"最下层。新建"图层7"，单击画笔工具按钮，在画面中绘制黄色柔边色块。

09 打开"Chapter7\7.5\Media\ 花纹 .png"图像文件。将其拖至画面，并适当调整其位置。设置其"不透明度"为10%，单击"添加图层蒙版"按钮，结合画笔工具按钮在添加的蒙版内适当涂抹，隐藏部分图像。

10 打开"弧线 .png"图像文件，将其拖至画面，并适当调整位置。再次打开"Chapter7\7.5\Media\ 火焰 .jpg"图像文件，按 Ctrl+T 组合键，适当对图像进行旋转。

11 单击"添加图层蒙版"按钮，添加蒙版，隐藏部分图像。设置其"混合模式"为"变亮"，"不透明度"为80%。使用相同方法，复制图层，设置"混合模式"为"滤色"，"不透明度"为 80%。

12 依次打开"音响"、"耳机"、"蝴蝶 1"、"蝴蝶 2"、"书本"、"高跟鞋"、"麦克风"等素材，并拖至"组 1"，适当调整位置和大小。

13 新建"组 2"，依次打开"光影"、"光晕 1"、"光晕 2"等素材，并复制素材，设置不同的混合模式和不透明度，调整图像大小和位置。应用"曲线"调整，设置各项参数。至此，本案例制作完成。

7.6　时尚杂志封面

　　当今社会，时尚之风已经席卷了整个世界，中国也不例外。在中国的期刊市场，没有什么比时尚类杂志在阵势上更蔚为壮观，在竞争上更激烈火拼了。这几年，时尚杂志正以人们难以想象的速度迅速崛起，《时尚》、《瑞丽》等这些最早抢得先机的杂志所向披靡，《VOGUE》、《男人装》、《米娜》等后来者强势突破以占据市场份额，更有数不尽的期刊排在这时尚杂志的漫长队伍里。从零售报刊亭便能看到，时尚杂志像潮水般几乎淹没了其他类别的杂志，令人眼花缭乱，折射出时尚杂志的繁荣和兴旺。广告无疑是每一种媒体的衣食父母，是他们收入的主要源泉，时尚杂志更是不例外。随着时尚杂志迅猛发展的，更是时尚杂志中的广告。

　　本案例从女性时尚杂志入手，通过具有代表性的杂志实例，来学习如何制作时尚杂志封面。

7.6.1　时尚杂志封面的鉴赏

　　随着时代的发展，时尚杂志封面越来越多样化，以画面精美、内容丰富吸引着大量读者的眼球。下面我们就来鉴赏不同风格的时尚杂志封面。

时尚杂志封面设计

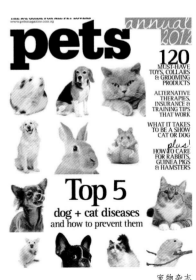

时尚家居杂志封面　　　　　　　　美食杂志　　　　　　　　宠物杂志

7.6.2 时尚杂志封面制作

关键步骤

Step1人物主体调整　　Step2细节元素合成

主要工具：

画笔工具、混合模式、图层蒙版、曲线、色相/饱和度、色彩平衡命令等。

创作思维：

在本实例画面中的素材叠加颜色色块，制作出多彩的质感和色彩背景，强调背景的怀旧质感。完成后对人物主体进行抠图、色调调整以及配件合成，将各元素进行适当的搭配和设置，与背景色调相融合，营造出唯美时尚的画面效果。整个画面主体突出，具有很强的时尚感。

光盘路径：

Chapter 7\7.6\Complete\时尚杂志广告.psd

01 执行"文件＞打开"命令，分别打开"Chapter7\7.6\Media\底纹 1.jpg"及"Chapter7\7.6\Media\ 底纹 2.jpg"，图像文件将"底纹 2"拖至"底纹 1"上，生成"图层 1"，适当调整其位置。

02 设置"图层 1"的混合模式为"叠加"。打开"Chapter7\7.6\Media\ 人物 .jpg"图像文件，将其拖至画面，并适当调整位置，生成"图层 2"。

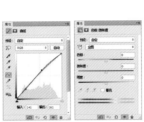

03 单击魔棒工具按钮，选中图像的背景区域，按 Ctrl+Shift+I 组合键反选选区。单击"添加图层蒙版"按钮，添加图层蒙版。

04 单击"创建新的填充或调整图层"按钮，分别应用"曲线"、"色相/饱和度"、"色彩平衡"命令，在打开的对话框中设置各项参数，完成后创建剪贴蒙版。

05 在"图层 2"上新建"图层 3"，分别设置前景色为红色和蓝色，结合画笔工具绘制色块。设置其"混合模式"为"颜色"，"不透明度"为 50%。

06 单击"创建新的填充或调整图层"按钮，应用"色相/饱和度"命令，设置各项参数，完成后创建剪贴蒙版。打开"Chapter7\7.6\Media\底纹 3.jpg"图像文件，将其拖至画面，并适当调整位置，生成"图层 4"。

07 复制"图层 2"，生成"图层 2 副本"，更名为"图层 5"。置于"图层 2"下层，并隐藏"图层 2"。按 Ctrl+Shift+U 组合键对图像进行去色处理。

08 按 Ctrl 键单击"图层 2"上的蒙版缩览图，单击"添加图层蒙版"按钮，添加图层蒙版。显示"图层 2"，人物发丝细节更细致。

09 在"色彩平衡"调整图层上方新建"图层 6"，设置前景
色为黄色，在中心位置涂抹色块。设置其"混合模式"为"柔
光"，"不透明度"为 50%。

10 打开 "Chapter7\7.6\Media\ 底纹 2.jpg"图像文件，将其
拖至画面，生成"图层 7"，适当调整其位置。设置其"混
合模式"为"叠加"，图像效果发生改变。

11 单击"创建新的填充或调整图层"按钮，在弹出的对
话框中应用 "渐变填充"命令，适当设置各项参数，并
在画面中绘制径向渐变。设置其"混合模式"为"正片叠底"，
"不透明度"为 40%。

12 打开 "Chapter7\7.6\Media\ 花环 .png"图像文件，将其
拖至画面，生成"图层 8"，适当调整位置。单击"添
加图层蒙版"按钮，在添加图层蒙版中涂抹，隐藏部分图像。

13 单击"创建新的填充或调整图层"按钮，分别在弹出的对话框中应用 "照片滤镜"和"渐变填充"命令，适当设置各项参数。
设置"渐变填充 2"的"混合模式"为"正片叠底"，"不透明度"为 80%，图像效果发生改变。

14 单击画笔工具按钮 ，新建"图层9"，绘制灰色暗调。
单击"创建新的填充或调整图层"按钮 ，在弹出的对话框中应用"渐变填充"命令，适当设置各项参数，并在画面中绘制线性渐变。

15 设置"渐变填充2"的混合模式为"柔光"，"不透明度"为15%，图像效果发生改变。单击"创建新的填充或调整图层"按钮 ，在弹出的对话框中应用"照片滤镜"命令，适当设置各项参数。

16 单击画笔工具按钮 ，新建"图层10"，在画面中间绘制白色。设置"图层10"的"混合模式"为"柔光"，"不透明度"为30%，图像效果发生改变。

17 单击"创建新的填充或调整图层"按钮 ，在弹出的对话框中应用"亮度/对比度"命令，适当设置各项参数。至此，本案例制作完成。

7.7 婚纱画册

　　画册是一个展示平台，企业或者个人都可以成为画册的拥有者。画册设计可以用流畅的线条、和谐的图片，或优美文字，组合成一本富有创意，又具有可读、可赏性的精美画册。它可全方位立体地展示企业或个人的风貌、理念，宣传产品、品牌形象。

　　婚纱画册是画册的一个较大门类，是对婚恋图文并茂的一种理想表达。相对于单一的文字或是图册，婚纱画册都有着无与伦比的绝对优势。画册够醒目，能让人一目了然；也够明了，有相对的精简文字说明。

7.7.1 婚纱画册的鉴赏

　　国内外唯美的婚纱摄影很多，同样的洁白婚纱，不同的唯美场面，创造出不一样的婚纱画册图像。制作时要注意氛围的营造，使画面更加完美。

婚纱摄影照片

7.7.2 婚纱画册制作

主要工具：

图层蒙版、曲线、混合模式、亮度/对比度、色相/饱和度、色彩平衡、曲线命令等。

创作思维：

在本实例中通过填充底色、婚纱照片合成，制作出温馨色彩的清新画面，然后添加文字和花纹素材，增加画面的细节，使图像效果更加精致。整体背景色调相融，唯美温馨，突出画面的和谐与整体，具有很强的美感。

光盘路径：

Chapter 7\7.7\Complete\
婚纱画册.psd

关键步骤

Step1婚纱人物图像合成　　　　Step2花纹文字细节合成

01 执行"文件 > 新建"命令，在打开的对话框中设置各项参数，完成后单击"确定"按钮，新建一个文件。设置前景色为橙色（R222、G199、B151），按Alt + Delete组合键填充图层。

02 打开"Chapter7\7.8\Media\婚纱1.jpg"图像文件，拖至画面，生成"图层1"。单击"添加图层蒙版"按钮，在蒙版中涂抹，隐藏部分图像。

03 执行"文件＞打开"命令，打开"Chapter7\7.8\Media\文字1.jpg"图像文件，拖至画面，适当调整位置。

04 打开"Chapter7\7.8\Media\婚纱2.jpg"图像文件，拖至画面，生成"图层2"。

05 单击"添加图层蒙版"按钮 ，在蒙版中涂抹，隐藏部分图像。

06 打开"Chapter7\7.8\Media\婚纱3.jpg"图像文件，拖至画面，生成"图层3"。

07 单击"添加图层蒙版"按钮 ，在蒙版中涂抹，隐藏部分图像。

08 打开"Chapter7\7.8\Media\文字2.jpg"图像文件，拖至画面，适当调整位置。

09 打开"Chapter7\7.8\Media\花纹.jpg"图像文件，拖至画面，生成"图层4"，设置其"不透明度"为70%。

10 单击"创建新的填充或调整图层"按钮 ，在弹出的对话框中应用"渐变映射"命令，适当设置各项参数，并在画面中绘制转折线性渐变。

11 单击"创建新的填充或调整图层"按钮，在弹出的对话框中应用"可选颜色"命令，选择"红"选项，适当设置各项参数，图像效果发生改变。

12 单击"创建新的填充或调整图层"按钮，在弹出的对话框中应用"纯色"命令，适当设置各项参数，图像效果发生改变。

13 按 Ctrl+Shift+Alt+E 组合键盖印图层，生成"图层5"。然后按 Ctrl+Shift+Alt+2 组合键创建选区，选取画面亮部区域。

14 按 Ctrl+J 组合键复制选区图像。设置"图层6"的"混合模式"为"滤色"，"不透明度"为30%。

15 单击"创建新的填充或调整图层"按钮，应用"色相/饱和度"命令，适当设置各项参数。

16 单击"创建新的填充或调整图层"按钮，应用"亮度/对比度"命令，适当设置各项参数。

17 单击"创建新的填充或调整图层"按钮，应用"曲线"命令，适当设置各项参数。至此，本案例制作完成。

7.8　游戏网页设计

　　网页设计一般分为三大类：功能型网页设计（服务网站&B/S软件用户端）、形象型网页设计（品牌形象站）、信息型网页设计（门户站）。设计网页的目的不同，应选择不同的网页策划与设计方案。

　　游戏网页设计主要根据游戏公司所希望的向浏览者传递的信息（包括产品、服务、理念、文化），并进行游戏网站功能策划，然后进行的页面设计美化工作。作为企业对外宣传物料的一种，精美的游戏网页设计对于提升游戏本身的互联网品牌形象至关重要。

7.8.1　游戏网页设计的鉴赏

　　游戏网页设计的工作目标，是通过使用更合理的颜色、字体、图片、样式进行页面设计美化，在功能限定的情况下，尽可能给予用户完美的视觉体验。高级的游戏网页设计会考虑到通过声光、交互等来实现更好的试听感受。

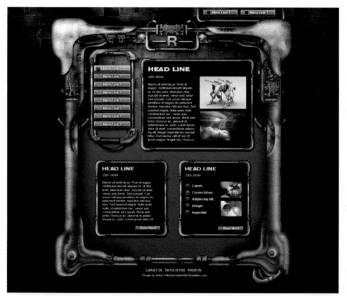
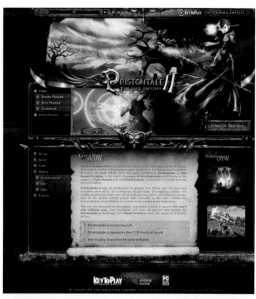

游戏网页设计

7.8.2 游戏网页设计制作

主要工具：

渐变工具、钢笔工具、画笔工具、混合模式、图层蒙版、照片滤镜、曲线命令等。

创作思维：

本实例对画面中的各风景素材进行合成，制作出唯美的背景画面效果；同时配合画笔工具和混合模式，制作出缥缈的画面效果。然后对各个动物素材元素和界面素材元素结合蒙版进行适当的拼合，并添加文字效果，着重突出画面的光感，营造出炫目的画面效果。整个画面主体突出，令人过目难忘。

光盘路径：

Chapter 7\7.8\Complete\游戏网页广告.psd

关键步骤

Step1背景制作

Step2界面合成

01 执行"文件＞打开"命令，打开"Chapter7\7.8Media\背景.jpg"图像文件。

02 执行"文件＞打开"命令，打开"Chapter7\7.8\Media\树木.jpg"图像文件。将其拖至画面左侧，生成"图层1"。设置其"混合模式"为"叠加"。

03 使用以上相同的方法，连续复制四次"图层1"，生成更多图层副本，并对"图层1副本4"添加蒙版，隐藏部分图像。

04 执行"文件＞打开"命令，打开"Chapter7\7.8\Media\天空.jpg"图像文件。将其拖至画面，生成"图层2"。设置其"混合模式"为"叠加"。

05 打开 "Chapter7\7.8\Media\ 建筑 .jpg" 图像文件。将其拖至画面右侧,生成 "图层 3"。设置其 "混合模式" 为 "柔光",添加蒙版,隐藏部分图像。

06 打开 "Chapter7\7.8\Media\ 小桥 .jpg" 图像文件。将其拖至画面右侧,生成 "图层 4"。设置其 "混合模式" 为 "叠加",添加蒙版,隐藏部分图像。

07 执行 "文件 > 打开" 命令,打开 "Chapter7\7.8\Media\ 大桥 .jpg" 图像文件。将其拖至画面,生成 "图层 5"。设置其 "混合模式" 为 "叠加", 单击 "添加图层蒙版" 按钮 ,在添加图层蒙版中涂抹,隐藏部分图像。

08 新建 "图层 6",单击画笔工具按钮 绘制白色色块,完成后设置 "不透明度" 为 57%。

09 单击 "创建新的填充或调整图层" 按钮 ,应用 "纯色" 命令,完成后设置各项参数。设置其 "混合模式" 为 "叠加",添加蒙版,隐藏部分图像。

10 单击 "创建新的填充或调整图层" 按钮 ,在弹出的对话框中应用 "色相 / 饱和度" 命令,适当设置各项参数,图像效果发生改变。

11 单击 "创建新的填充或调整图层" 按钮 ,分别应用 "渐变填充" 和 "照片滤镜" 命令,适当设置各项参数。完成后分别设置其 "混合模式" 为 "变暗" 和 "叠加"。

12 新建 "图层 7",单击画笔工具按钮 绘制黄色色块,完成后设置 "混合模式" 为 "颜色加深"。 新建 "图层 8",单击画笔工具按钮 绘制白色色块,完成后设置 "混合模式" 为 "柔光"。

13 执行"文件>打开"命令，分别打开"Chapter7\7.8\Media\界面1.jpg"及"Chapter7\7.8\Media\界面2.jpg"图像文件。分别将其拖至画面适当位置，生成"图层9"及"图层10"。

14 单击"创建新的填充或调整图层"按钮，在弹出的对话框中分别应用"色阶"和"色相/饱和度"命令，适当设置各项参数，完成后创建剪贴蒙版，下方的界面图像发生改变。

 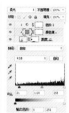

15 新建"图层11"，绘制黑色阴影。单击"创建新的填充或调整图层"按钮，在弹出的对话框中分别应用"纯色"和"色阶"命令，适当设置各项参数，完成后创建剪贴蒙版，图像效果发生改变。

16 打开"Chapter7\7.8\Media\豹子.jpg"图像文件。拖至画面，生成"图层13"。适当调整图像的位置，复制"图层13"，生成"图层13副本"。按Ctrl+T组合键反转图像，并缩小图像，完成后按Enter键确定。

17 打开"Chapter7\7.8\Media\猩猩.jpg"图像文件。将其拖至画面，生成"图层14"。单击"添加图层蒙版"按钮，在蒙版内适当涂抹，隐藏图像。新建"组1"，将"图层11"至"图层14"拖至"组1"内。

18 选择"组1"，单击"创建新的填充或调整图层"按钮，应用"曲线"命令，适当设置参数。新建"图层15"，单击画笔工具按钮，绘制黄色，设置"混合模式"为"叠加"，分别创建剪贴蒙版。

19 分别打开"Chapter7\7.8\Media\界面.jpg"及"Chapter7\7.8\Media\红绳.jpg"图像文件。将其拖至画面适当位置，生成新的图层。在"图层17"上添加图层蒙版，在蒙版内适当涂抹，隐藏图像。

20 分别打开"Chapter7\7.8\Media\画轴.jpg"及"Chapter7\7.8\Media\木纹.jpg"图像文件。将其拖至画面适当位置，生成新的图层。设置"图层19"的"混合模式"为"正片叠底"，并创建剪贴蒙版。

21 打开 "Chapter7\7.8\Media\ 风景 1.jpg" 图像文件。将其拖至画面中，生成 "图层 20"。双击 "图层 20"，在弹出的对话框中勾选 "描边"，适当设置各项参数，完成后单击 "确定" 按钮。

22 打开 "Chapter7\7.8\Media\ 风景 2.jpg" 图像文件。将其拖至画面中，生成 "图层 21"。单击 "添加图层蒙版" 按钮，在蒙版内适当涂抹，隐藏图像。右键单击 "图层 20"，选择 "拷贝图层样式"，然后右键单击 "图层 21"，选择 "粘贴图层样式"。

23 双击 "图层 21"，在弹出的对话框中勾选 "外发光"，适当设置各项参数，完成后单击 "确定" 按钮。

24 打开 "Chapter7\7.8\Media\ 飞鸟 .jpg" 图像文件。将其拖至画面中，生成 "图层 22"。单击横排文字工具按钮，设置适当的参数，在图像上输入相应的文字。

25 双击文字图层，在弹出的对话框中分别勾选 "斜面和浮雕" 及 "外发光" 选项，设置各项参数，单击 "确定" 按钮。

26 使用以上相同的方法，单击横排文字工具按钮，设置不同参数，在图像上输入更多的文字并适当调整其大小和位置。至此，本案例制作完成。